# *Im Flug gestoppt*

*Stephen Dalton*

# Im Flug gestoppt

Tierfotos in Kurzzeittechnik

Südwest Verlag München

Titel der englischen Originalausgabe:
*Caught in Motion*

Übersetzung und Bearbeitung der
deutschsprachigen Ausgabe:
Dr. Marcus Würmli
Berater bei fototechnischen Ausdrücken:
Fritz Meisnitzer

1. Auflage 1985: 1.–7. Tausend

Umschlag: Manfred Metzger, München



First published 1982 in Great Britain by
George Weidenfeld and Nicolson Ltd.
91 Clapham High Street
London SW4 9TA

Printed in Hong Kong 1985

ISBN 3 517 00868 0

**1 Maikäfer** (vorhergehende Seite)
Der Maikäfer kann sich erst dann in die Luft erheben, wenn er die zahlreichen Luftsäcke in seinem Körper aufgepumpt hat. Sein Flug wirkt langsam, unbeholfen und brummig.

# *Inhalt*

# Einführung

Im Alter von sieben Jahren nahmen zwei Beschäftigungen mein ganzes Interesse in Beschlag. Zusammen mit einer dritten, die sich später entwickelte, wurden sie zu den großen Leidenschaften meines Lebens. Diese drei, das Fliegen, die Insekten und schließlich die Fotografie, verschmolzen schließlich zu einer Berufung und zu einem Beruf, der die vergangenen 15 Jahre meines Lebens dominierte.
Mein Interesse am Fliegen geht auf den Zweiten Weltkrieg zurück. Mein Vater war in der Royal Air Force, und ich war mir stets der Flugzeuge bewußt, die über das nächtliche England flogen. Damals lebten wir nahe an einem Flugplatz, und ich verbrachte Stunde um Stunde am hohen Drahtzaun und beobachtete, wie die Flugzeuge aufstiegen und landeten. Ich wußte nicht richtig, wohin sie flogen und woher sie kamen, mich interessierte das Fliegen an sich. Bald beschloß ich, Pilot zu werden, und schließlich erwarb ich auch die Privatpilotenlizenz.
Meine zweite Beschäftigung war leicht vorauszusehen. Die ganze Familie liebte die Natur und die Lebewesen, Haustiere ebenso wie die Tiere in Feld und Wald. Mein biologisches Interesse beschränkte sich schließlich auf die Insekten. Und da ich mich bei Kricketwettkämpfen der Schule an den Spielfeldgrenzen aufhalten mußte, wo meine Unfähigkeit, einen Ball zu fangen, nicht so auffiel, verbrachte ich meine Zeit lieber damit, einen Käfer auf einem Blatt oder einen Mückenschwarm über einer Hecke zu beobachten. Die schulische Beurteilung meiner sportlichen Fähigkeiten lautete einmal säuerlich: „Dalton ist an den Lilien des Feldes mehr interessiert als am Fortgang des Spieles."
Im Alter von neun Jahren geschah ein bedeutsames Ereignis. Die Familie übersiedelte von der alten, bescheidenen und engen Wohnung in eine alte Mühle auf dem Land. Dort verbrachte ich die nächsten 20 Jahre meines Lebens. Das Haus lag mitten in einem zwölf Hektar großen Besitz mit kaum berührter Landschaft und umfaßte auch einen fast hektargroßen Weiher und zwei prächtige Mühlenbäche. Das war natürlich ein Paradies für alle möglichen Tiere, besonders aber für Insekten, die es in allen Formen im Wasser wie auf dem Lande gab.
Während meine Kenntnisse und meine Liebe zur Biologie dauernd zunahmen, war meinem ersten Versuch, Insekten zu fotografieren, nur ein kurzes Leben beschieden. Zum 12. Geburtstag erhielt ich von meinem ornithologisch sehr versierten Vater eine Boxkamera geschenkt, von der ich sofort die allerbesten Bilder erwartete. Ich wollte scharfe Bilder von Schwebfliegen auf Dahlien, von Käfern auf Rosen schießen und eilte im Garten glücklich von Blüte zu Blüte, begiertig, jedes Insekt aufzunehmen. Die völlig verschwommenen Bilder erteilten mir eine vernichtende und unauslöschliche erste Lektion über die Grenzen fotografischer Ausrüstung. Es vergingen zehn Jahre, bis ich wieder eine Kamera in die Hand nahm.
Nach der Schule arbeitete ich bei einer Firma, die landwirtschaftliche Maschinen herstellte. Hier beschäftigte ich mich auf dilettantische Weise etwas mit Fotografie für die Werbeabteilung. Da aber niemand richtig Bescheid wußte, machten meine Kenntnisse und Fähigkeiten nur geringe Fortschritte. Immerhin wurde mir bald klar, daß ich den Rest des Lebens keineswegs damit verbringen würde, Eggen, Bulldozer und Pflugscharen zu fotografieren. Ich fragte mich, ob es mir gelingen würde, mein neuerwachtes Interesse an der Fotografie mit meinen naturkundlichen Studien zu verbinden. Ungefähr zu jener Zeit sah ich eine Anzeige für einen ganztägigen fotografischen Kurs in einem berühmten College in London, an dem ich schließlich auch einen Platz erhielt. Dort erfuhr ich nicht nur Dinge, die sich mir bisher entzogen hatten, wie die Theorie der Fotografie und Dunkelkammertechnik, sondern lernte es auch, meiner Arbeit gegenüber überkritisch zu sein. Diese perfektionistische Haltung ist mir bis heute geblieben.
Als der Kurs zu Ende war, begann ich mir eine Sammlung naturkundlicher Fotografien

2 **Zitronenfalter**
Der Zitronenfalter gehört zu den ersten Schmetterlingen, die sich nach dem Winter wieder ins Freie wagen. Man kann ihn schon an warmen Februartagen sehen. Die gelbe Forsythie im Vordergrund drängte sich für die Aufnahme geradezu auf – eine typische Vorfrühlingsbotin, die mit dem Schmetterling ein harmonisches Bild ergibt.
Hier ist das Männchen abgebildet. Das grünlich-weiße Weibchen kann mit dem verwandten Kohlweißling verwechselt werden, doch ist sein Flug viel zielgerichteter und kräftiger als das richtungslose Umherflattern des Kohlweißlings.

3 **Hummel**
Bevor größere Insekten wie Schwärmer oder Hummeln fliegen können, müssen sie ihren Körper auf 30–40° C erwärmen, was durch schnelles Zittern mit den Flügeln geschieht. Die Hummel hat sogar die Möglichkeit, die Flugmuskulatur von den Flügeln abzukoppeln und sie durch Vibrieren aufzuwärmen, ohne daß sich die Flügel dabei bewegen.
Diese Hummel läßt uns ahnen, welch kräftigen Auftrieb Insektenflügel verleihen können.

4 **Zirpe**
Solche Zirpen oder Kleinzikaden sind leicht zu finden, leben sie doch in Dutzenden von Arten im Gras und auf Büschen. Sie sind mit den Wanzen und Blattläusen am nächsten verwandt und ernähren sich wie diese von Pflanzensäften.
Obwohl die Zirpen auf herkömmliche Weise fliegen, besonders wenn sie längere Distanzen überwinden, öffnen sie ihre Flügel erst 2–3 cm nach dem Absprung, wie die Kurzzeitfotografie beweisen konnte. Meistens schlagen sie mit den Flügeln nicht, sondern neigen eher dazu, vom Gleitflug Gebrauch zu machen. Die abgebildete Art trägt den Namen Graphocephala coccinea.

anzulegen, und es dauerte nicht lange, bis ich Aufträge zur Illustration von Zeitschriftenartikeln und Büchern erhielt. Eine der interessantesten und anspruchsvollsten Aufgaben erhielt ich, als ich alle Fotografien für ein Buch über die Honigbiene liefern sollte. Dazu gehörten Bilder aus dem Leben der Bienen in allen Einzelheiten. Ein Bild wollte ich vor allem schießen, nämlich das einer fliegenden Honigbiene, die zu ihrem Stock zurückkehrt. Ich erinnere mich noch, wieviel Zeit und Mühe ich an diese Aufgabe verwendete, obwohl sie in jener Zeit einfach nicht zu lösen war. Ich baute einige primitive elektronische Gerätschaften auf und borgte mir einen Blitz mit recht kurzer Leuchtdauer und erhielt auch einige Bilder, die von der Perfektion aber weit entfernt waren.

Langsam dämmerte mir, daß ich in den letzten Jahren nur ruhende oder krabbelnde Insekten aufgenommen hatte – weder ich noch ein anderer hatte sie jemals in freiem Flug fotografiert. Für mich besteht das Wunderbarste an den Insekten aber in der Tatsache, daß sie fliegen. Vögel fliegen auch, doch der Insektenflug erscheint uns viel geheimnisvoller. Einen Vogel im Flug kann man ziemlich leicht beobachten; bei großen Exemplaren gelingt es, jedem Flügelschlag mit den Augen zu folgen und den Bewegungsablauf der Flügel in jeder Phase zu erkennen. Das ist uns beim Insektenflug verwehrt. Die Flügelbewegungen selbst der langsamsten Flieger erscheinen uns verschwommen, und einige fliegen so schnell und wechseln die Richtung so unvermittelt, daß wir ihnen nicht einmal mehr mit den Augen folgen können.
Der Vogelflug sieht elegant aus, aber auch die Insekten sind auf ihre Weise gleichermaßen schön. Von einem fotografischen Standpunkt aus bieten uns die Insekten sogar mehr, denn die Artenzahl und die Vielfalt der Strukturen sind größer. Die meisten haben vier Flügel anstelle von zwei, und einige erreichen eine Flügelschlagfrequenz von 1000 Schlägen in der Sekunde. Natürlich war ich sehr neugierig darauf zu erfahren, was Insekten denn im Flug alles tun.
Obwohl ich alle möglichen fotografischen Experimente mit teilweise bizarrer Ausrüstung unternahm, blieb der Insektenflug meiner Kamera lange Zeit verschlossen. Anscheinend gab es keinen Weg zu beobachten, auf welche Weise ein Insekt seine Flügel bewegte, um seine Flugakrobatik zu vollführen. Es gab einfach keine Technik dafür, die Bewegung eines fliegenden Insektes einzufrieren. Eines war mir schließlich klar: ich mußte sie selbst entwickeln.

## Die Lösung der technischen Probleme

Die Schwierigkeiten, die ich lösen mußte, waren ungeheuer. Das erste Problem war von der Größe gegeben: ein kleines Objekt wie ein Insekt verlangt einen großen Abbildungsmaßstab, damit es auf dem Film gut sichtbar abgebildet wird. In der Makrofotografie nimmt die Schärfentiefe aber schnell mit zunehmendem Abbildungsmaßstab ab. Je kleiner das Insekt, um so schwieriger wird es, von ihm ein durchgehend scharfes Bild zu erhalten. Diese Situation wird noch weiterhin dadurch erschwert, daß ein fliegendes Insekt eine größere Schärfentiefe benötigt als ein ruhig dasitzendes. Die Gründe dafür werden im nächsten Kapitel erklärt.
Das zweite Problem war ernsthafter und bestand im unruhigen Flug der Insekten. Sie fliegen mit verhältnismäßig hoher Geschwindigkeit, und ihre Flugrichtung ist darüber hinaus nicht vorherzusehen, ganz im Gegensatz zum Flug der Vögel. Wie oft haben wir schon ein Insekt beobachten können, das in völlig gerader Linie fliegt? Man versuche einmal, dem torkelnden Flug eines Kohlweißlings im Garten oder den verzweifelten Bewegungen einer Schmeißfliege zu folgen, die mit allen Mitteln versucht, aus der Küche zu entweichen. Insekten fliegen zickzackartig ohne klaren Kurs und Rhythmus. Auf irgendeine Weise mußte ich das Insekt dazu bringen – es war mir damals aber völlig unklar, wie –, einem ganz bestimmten Pfad zu folgen und dabei direkt durch den Brennpunkt der Kamera zu fliegen. Nur hier konnte der Verschluß und der Blitz ausgelöst werden. Dazu brauchte ich ein optisch-elektronisches System, eine Lichtschranke, die reagierte, wenn das Insekt sich in einer bestimmten Ebene befand, und schließlich eine Vorrichtung, welche den Verschluß genau in dem Augenblick betätigte, da das Insekt die Lichtschranke passierte.
Eine Lichtschranke ist im Prinzip eine verhältnismäßig einfache Vorrichtung. Ein Licht- oder Infrarotstrahl wird auf eine Fotozelle gerichtet. Wird der Strahl vom fliegenden Insekt unterbrochen, so gibt die Fotozelle diese Information an einen Verstärker weiter. In der Praxis liegen die Dinge wesentlich komplizierter, und es

5 **Buntspecht**
Nicht nur um das Kommen und Gehen des Vogels am Einschlupfloch zu fotografieren, errichtete ich ein Versteck nicht ganz 30 m vom Nest entfernt, sondern auch um die Entwicklung der Jungtiere zu beobachten.

braucht ein ziemlich ausgeklügeltes optisches System, um zarte Insekten wie Mücken oder Blattläuse aufzuspüren. Die eigentlichen Schwierigkeiten lagen jedoch beim Verschluß. Der Verschluß einer gewöhnlichen einäugigen Spiegelreflexkamera braucht lange Zeit, um sich zu öffnen, ungefähr $\frac{1}{10}$ Sekunde. Das bedeutet, daß ein Insekt mit einer Fluggeschwindigkeit von ungefähr 5 m pro Sekunde sich etwa $\frac{1}{2}$ m weiterbewegt hat, bevor sich der Verschluß öffnet – wahrlich nicht gerade ermutigend, wenn die Schärfentiefe eher in Millimeter als in Zentimeter gemessen wird! Eine einfache Lösung dieses Problems konnte darin bestehen, auf den Verschluß zu verzichten und im Dunkeln mit der Offenblitz-Technik zu arbeiten. Man erhält auf diese Weise gute Ergebnisse bei Eulen und Fledermäusen, doch in hellem Licht kann man damit nicht weiterkommen. Der einzige Ausweg bestand darin, den Kameraverschluß zu umgehen und ihn offen zu lassen. Dafür mußte ich vorne an der Objektivlinse einen besonderen, sich sehr schnell öffnenden Verschluß anbringen. Im Idealfall sollte dieser Verschluß sich innerhalb $\frac{1}{1000}$ Sekunde öffnen und gleichzeitig den Blitz auslösen. Das war eine Größenordnung, die jenseits all dessen lag, was die im Handel erhältlichen Produkte aufwiesen. Nur mit einem guten Verschluß aber war das ganze Projekt durchzuführen, soviel war mir klar.

Das dritte und am leichtesten verständliche Problem bestand darin, die verschwommenen Bilder zu eliminieren, die sich aufgrund der schnellen Flügelbewegungen der

6 **Waldkauz**
Diese Fotografie nimmt in meinen Erinnerungen einen besonderen Platz ein, aus zwei Gründen: zunächst lebte der Kauz völlig frei, war aber doch ziemlich zahm, und er wuchs mir schließlich ans Herz. Zum zweiten stellte das Bild meinen ersten Versuch dar, einen fliegenden Vogel aufzunehmen. Das geschah in einer alten Scheune. Ich verwendete dazu eine großformatige Plattenkamera, eine Reporter-Blitzausrüstung (Leuchtdauer $\frac{1}{1000}$ Sekunde) und einen Leitz-Projektor als Lichtquelle für ein primitives Auslösersystem. Da die Eule vor dem Landen ihren Anflug mit ausgebreiteten Flügeln abbremsen muß und mit ihnen nicht schnell schlägt, war es möglich, mit der relativ langen Leuchtzeit des Blitzes auszukommen.

Insekten ergaben. Ursprünglich wollte ich das Insekt mitten im Flug „einfrieren" – abgesehen von einer leichten Unschärfe an den Flügelspitzen. Leider ist der Grad der Flügelbewegungen nicht zu kontrollieren. Die Blitzgeschwindigkeit hätte ich nicht nur der Flügelschlagfrequenz jeder einzelnen Art – sie liegt zwischen 8 und 1000 Schlägen pro Sekunde! –, sondern auch jeder Phase des Bewegungszyklus anpassen müssen. Der Flügel bewegt sich in mittlerer Position am schnellsten, während er an den Umkehrpunkten oben und unten für den Bruchteil einer Sekunde stehenbleibt. Wenn ich bewußt eine Unschärfe der Flügelspitzen in Kauf nahm, so zeigte sich doch nach einigen Testreihen, daß auch das gesamte Bild überall eine leichte Verschwommenheit zeigte. Abgesehen vom klaren Informationsverlust, sprachen solche Bilder den Betrachter auch weniger an. Ich mußte also die Bewegung völlig einfrieren und mit sehr kurz aufleuchtenden Blitzen arbeiten. Die meisten käuflichen Blitzausrüstungen haben eine Blitzdauer von $1/400$ bis $1/1000$ Sekunde – viel zulang, um die Bewegung der Insektenflügel einzufangen. Ich brauchte eine Leuchtzeit von mindestens $1/20000$ Sekunde.

Die sogenannten Computerblitze, die damals auf den Markt kamen, erreichen zwar kurze Belichtungszeiten, sind dabei aber nicht stark genug. Für Leser, die in diesen technischen Bereichen nicht so beschlagen sind: je mehr Licht wir brauchen, um so länger dauert die Entladung und damit die Leuchtzeit.

Die Fotografie des Kolibris auf Seite 127 wurde mit vier Computerblitzen aufgenommen. Um genügend Licht für den 64 ASA Ektachrome-Film zu bekommen, mußte ich ein Drittel der Blitzenergie ausnützen. Das ergab eine Blitzdauer von $1/3000$ Sekunde – kürzer als im Durchschnitt zwar, aber doch immer noch ziemlich lang –, daher auch die sichtbare Flügelbewegung. Für Insekten muß man bei Computerblitzgeräten die Blitzleistung auf $1/16$ reduzieren, um die richtige Leuchtzeit zu erhalten, welche die Bewegung erstarren läßt. Man kann die Leuchtstärke erhöhen, indem man mehrere Computerblitze vereinigt, doch diese Lösung wäre teuer und keineswegs handlich gewesen.

Nachforschungen in England, den Vereinigten Staaten und auf dem Kontinent ergaben, daß der Handel keine Verschlüsse und Blitzgeräte anbot, die meinen Anforderungen entsprachen. Niemand baute extrem schnell reagierende Verschlüsse, und obwohl es einige Firmen gab, die Blitzausrüstungen für wissenschaftliche Zwecke herstellten, war doch keine davon für die Insektenfotografie geeignet. Eine sehr teuere Apparatur kam auf eine Leuchtzeit von $1/1000000$ Sekunde; andere brauchten eine Energieversorgung, welche die Größe eines Eßtisches erreichte. Keine dieser Ausrüstungen war aber stark genug, und alle hatten irgendwelche Nachteile.

## Der Aufbau der Ausrüstung

Es war mir nun klar geworden, daß ich eine völlig neue fotografische Ausrüstung entwerfen und bauen mußte, um jene Fotografien aufzunehmen, die mir vorschwebten. Ich begriff, daß ich dazu nur meine bisherigen Objektive brauchen konnte und daß ich von vorne beginnen mußte.

Eine Firma für Elektronik bot mir an, einige Versuche durchzuführen, verlangte dafür aber einen hohen Vorschuß und glaubte selbst kaum an einen Erfolg. Das National Physics Laboratory in Teddington (Middlesex) hörte mir wohlwollend zu, war aber außerstande, praktische Hilfe zu gewähren. Viele weitere Kontakte mit möglicherweise interessierten Institutionen führten zu keinem Erfolg. Schließlich hatte ich aber Glück. Irgend jemand gab mir den Rat, ein Besuch beim Royal Aircraft Establishment in Farnborough (Hampshire) könnte die Mühe wert sein. Das erschien mir zwar ein

kühner Versuch, doch immerhin gab es mir eine gute Gelegenheit, einen Blick auf einige interessante Flugzeuge zu werfen.
Mein Besuch beim Royal Aircraft Establishment war keine leichte Sache; zuerst mußte im voraus überprüft werden, ob ich kein Sicherheitsrisiko darstellte. An einem Frühlingsmorgen flog ich mit einem leichten Flugzeug bei schlechter Sicht dorthin und landete mit Hilfe von Radar auf einem mir unbekannten Flugfeld. Ich glaubte, so einzuschweben sei gerade die richtige Art und Weise, zu einer Unterredung zu kommen, doch die Sicherheitspolizei zeigte sich davon nicht beeindruckt. Sie untersuchte meine Aktenmappe peinlich genau und ließ mich endlose Formulare ausfüllen, bevor sie mich entließ. Schließlich wurde ich zu einem Treffen mit Ron Perkins gebracht, einem Elektronikingenieur mit starkem Interesse für Fotografie und Vögel. Ich brauchte nicht lange, um zu bemerken, daß er allem, was ich im Sinn hatte, wohlwollend gegenüberstand. Er bot mir seine Hilfe an, und ich flog glücklich nach Hause, obwohl ich an dieses Glück noch nicht richtig glauben konnte.
Eine Woche später war ich bei Ron zu Hause und besprach mit ihm die grundlegenden Merkmale der erforderlichen Blitzausrüstung, wie Größe, Gewicht, Energiever-

7 **Monarch**
Der Monarchfalter (Danaus plexippus) war eines der ersten Insekten, das bei meiner Reise in die Everglades in Florida durch den Flugtunnel kam. Dieser prächtige Wanderfalter wagt sich gelegentlich auch bis nach Europa vor.

8 **Kleines Nachtpfauenauge**
Das Kleine Nachtpfauenauge (Saturnia pavonia) kommt am häufigsten auf Heiden, Mooren und an warmen Hängen vor. Es gehört zu den wenigen europäischen Vertretern der Familie der Nachtpfauenaugen oder Saturniiden, welche in den Tropen Riesenformen wie den Atlasspinner mit einer Flügelspannweite bis 25 cm umfassen.

sorgung über Stromnetz oder Batterie, Anzahl der Lampen und Art der Reflektoren. Ich hatte bereits die Anforderungen an die Leuchtzeit und die Beleuchtungsstärke ausgerechnet und mußte dafür von einem 25 ASA Kodachrome-Film ausgehen. Das war wichtig für das Auflösungsvermögen und die Farbtreue. Leider war dies der langsamste Film mit der geringsten Empfindlichkeit auf dem Markt, und so waren große Lichtmengen notwendig, besonders bei den kleinen Blendenöffnungen, die für eine genügende Schärfentiefe notwendig sind.

Dieses Problem der Beleuchtungsstärke wurde noch dadurch verschärft, daß mit zunehmendem Abbildungsmaßstab auch mehr Licht vorhanden sein muß.

Meine Anforderungen an den zukünftigen Blitz waren in jeder Hinsicht ehrgeizig:

9 **Wolfsmilchschwärmer**
Der Wolfsmilchschwärmer (Celerio euphorbiae) ist eine unserer schönsten Schwärmerarten. Ich fing das abgebildete Insekt am Spätnachmittag in Südeuropa, wie es im Schwirrflug Nektar aus einer Oleanderblüte holte. Zwei Stunden später entließ ich das Tier wieder in die Freiheit.

10 **Rotkehlchen**
Dieses Rotkehlchen hatte sein Nest auf dem Boden. Zuerst mußte ich lange Zeit das Startverhalten der Eltern studieren, um die Lichtschranke richtig montieren zu können. Und erst als das Elterntier genau an der richtigen Stelle abhob, war diese scharfe Aufnahme möglich.

1. Leuchtzeit nicht über $\frac{1}{20000}$ Sekunde.
2. Die Lichtausbeute eines einzigen Blitzgerätes, das 46 cm über dem Objekt angebracht wird, muß ausreichen, einen Kodachrome-2-Film bei Blende 16 und einem Abbildungsmaßstab von 1:1 zu belichten.
3. Es sollten bis 4 Blitzvorrichtungen gleichzeitig arbeiten können.
4. Die ganze Apparatur sollte transportabel sein.

Werfen wir kurz einen Blick zurück auf die Geschichte der Kurzzeit- oder Hochgeschwindigkeitsfotografie. Es mag uns überraschen, daß Kurzzeitblitze fast so alt sind wie die Fotografie selbst. Schon 1860 wurden im Woolwich Arsenal, London, Versuche mit elektrischen Funken durchgeführt, um das Verhalten von Geschossen in

11 **Kleiber**

Dieser attraktive kleine Vogel verwendet als Nest im allgemeinen verlassene Baumhöhlen anderer Vögel. Er verschließt nur den Eingang mit einer Art Zement auf die gewünschte Größe. Dazu klaubt (Name!) er Lehm vom Boden auf. Der Kleiber hält sein Nest sauber und trägt den Kot der Nestlinge im Schnabel ins Freie.

Bei dieser Fotografie wollte ich keinen völlig schwarzen Hintergrund, und so brachte ich Erlenzweige in die richtige Stellung, die ich in Wassergefäße stellte, damit sie frisch blieben. Zur Aufnahmezeit wehte ein starker Wind, und es war nicht einfach, die Blätter in der richtigen Lage zu halten.

der Luft zu erforschen. Der Funke wurde bei der Entladung von einem Hochspannungskondensator über eine Funkenbrücke abgegeben. Man richtete das Geschoß zwischen die Funken und die Kamera, und eine fotografische Platte nahm die Silhouette des Objektes auf. Ein solcher Funken dauerte nur $1/1000000$ Sekunde, und theoretisch war damit ein äußerst scharfer Schattenriß zu erreichen. Die Fotografie steckte aber damals noch in ihren Kinderschuhen, und es gab nur feuchte Platten mit niedriger Empfindlichkeit. Aus diesem Grunde waren diese Pionierversuche nicht immer erfolgreich. Später verbesserten Ernst Mach in Österreich und Sir Charles Boys in England diese Technik, die in ihren Grundzügen heute noch Verwendung findet.
Der Hauptnachteil der Funkenfotografie war die äußerst geringe Lichtstärke des Funkens. Erst in den 30er Jahren schuf Professor Harold Edgerton hier Abhilfe, indem er den Elektronenblitz entwickelte.
Beim Elektronenblitz überspringt die Energiedifferenz eines Kondensators nicht zwei offen daliegende Elektroden, sondern sie entlädt sich in einem Edelgas wie Xenon oder Krypton, das in einer Glas- oder Quarzröhre enthalten ist. Das Ergebnis ist eine viel größere Lichtmenge, doch dauert die Entladung viel länger. Das zeigt deutlich unser Problem. Bei allen Elektronenblitzen, eingeschlossen die modernen Computerblitze, stehen Leuchtzeit und Leuchtstärke in direktem Konflikt miteinander. Es ist einfach, eine Apparatur mit geringer Leuchtdauer und niedriger Leuchtkraft oder eine Apparatur mit hoher Leuchtkraft und langer Leuchtdauer zu bauen. Geringe Leuchtdauer und hohe Leuchtkraft sind aber schwer miteinander zu kombinieren.
Die Merkmale des Elektronenblitzes hängen ab vom Kondensator, der die elektrische Energie speichert, und von den Blitzröhren, welche die Energie – in Licht verwandelt – abgeben. Die Dauer des Blitzes, seine Leuchtkraft, die erforderliche Spannung, aber auch Größe und Gewicht werden von diesen beiden Faktoren bestimmt. Der Trick lag darin, die richtige Kombination zu finden.
Die grundlegende Beziehung zwischen Blitzstärke und Leuchtdauer ist recht einfach. Je größer die Kapazität des Kondensators, um so größer die Blitzstärke. Die Spannung des Kondensators bestimmt die Blitzstärke. Je höher die Spannung, desto größer auch die Blitzstärke. Es gibt eine einfache Formel zur Berechnung der Stärke eines Elektronenblitzes. Für die Stärke J in Joule gilt:

$J = \frac{CV^2}{2}$ C ist die Kapazität des Kondensators in Farad und V die Spannung in Volt.

Die Stärke ist damit direkt proportional der Kapazität und direkt proportional dem Quadrat der Spannung.
Die Leuchtdauer hängt auf der anderen Seite von der Größe des Kondensators, dem Widerstand der Blitzröhre und deren elektrischem System ab. Für die Leuchtdauer t in Sekunden gibt es ebenfalls eine einfache Formel:

$t = \frac{CR}{2}$ R ist der Widerstand der Blitzröhre und des damit zusammenhängenden Systems in Ohm, C ist die Kapazität des Kondensators in Farad.

Je größer die Kapazität und je größer der Widerstand, um so länger braucht die Energie, sich zu entladen – was einleuchtend erscheint.
Für eine kurze Leuchtdauer war es also nötig, eine Röhre mit geringem Widerstand und einem Kondensator mit geringer Kapazität zu nehmen. Der einzig sinnvolle Ausweg für unsere gesuchte Kombination bestand darin, einen Hochvoltkondensator zu verwenden, mithin einen Papierkondensator. In heutigen käuflichen Blitzgeräten sind elektrolytische Kondensatoren eingebaut. Sie wiegen weniger, sind kleiner und billiger als Papierkondensatoren, halten aber keine Spannung über einige hundert Volt aus.
Die frühen Blitzausrüstungen, die kurz nach dem Zweiten Weltkrieg auf den Markt

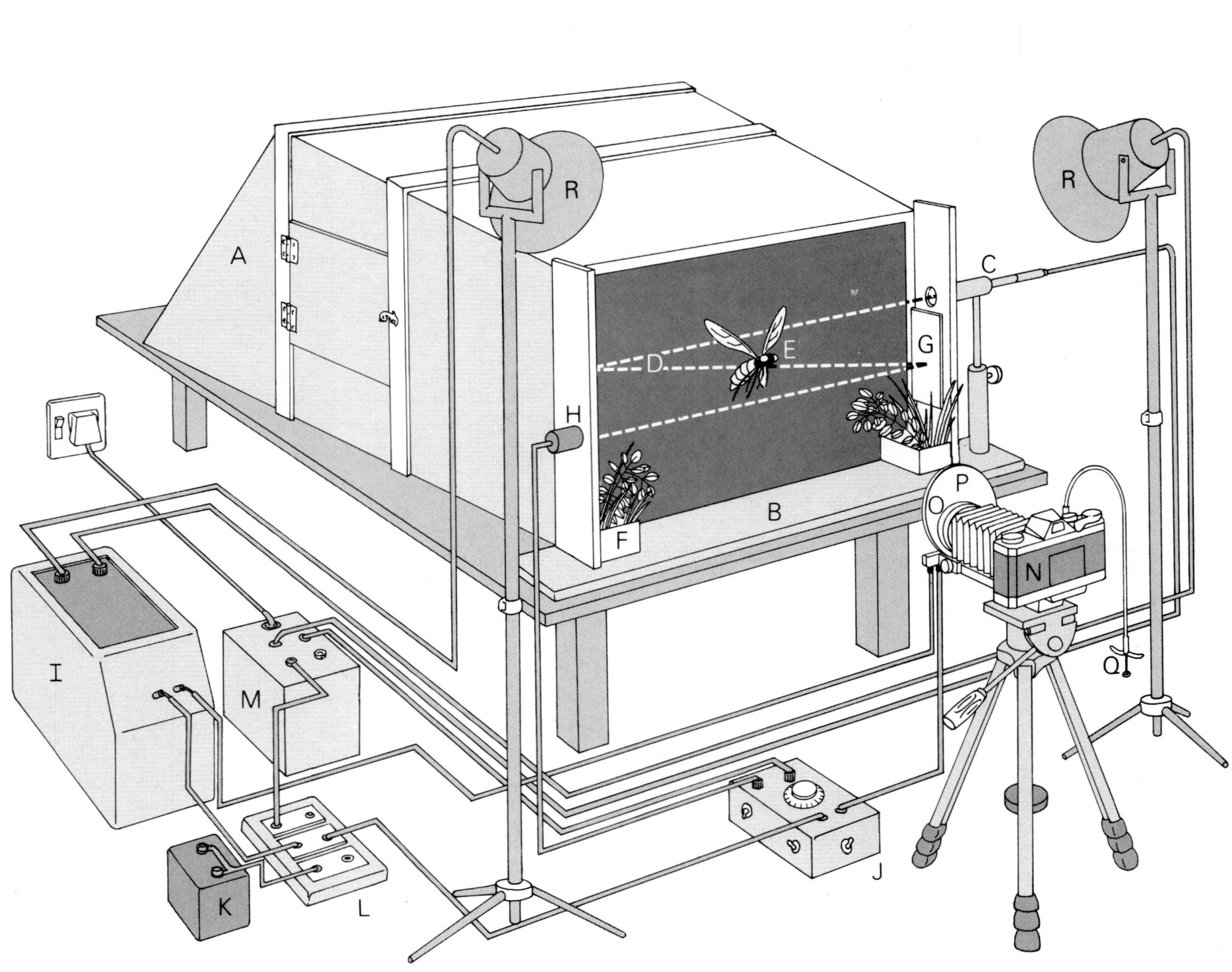


kamen, verwendeten große und schwere Papierkondensatoren mit verhältnismäßig geringer Kapazität. Um halbwegs ausreichendes Licht von ihnen zu bekommen, mußten sie auf 2000 Volt aufgeladen werden. Sie hatten aber einen Vorteil – eine Leuchtdauer von $\frac{1}{5000}$ Sekunde, was für die meisten Zwecke, ausgenommen die quirligsten Lebewesen, ausreichte. Die Aufnahme der Schleiereule auf Seite 98 und der zum Nest zurückkehrenden Rauchschwalbe auf Seite 115 wurden mit einer solchen Ausrüstung gemacht. Doch auch diese alten Blitzausrüstungen hatten ihre Tücken. Abgesehen von ihrer Größe und Unhandlichkeit waren sie unzuverlässig, verbrauchten riesige Mengen Batteriestrom und waren bisweilen auch gefährlich. Und für die Insekten brauchte ich ohnehin eine größere Leuchtkraft und eine noch kürzere Leuchtdauer.

Nach monatelangen Experimenten mit unterschiedlichen Kombinationen von Röhren und Kondensatoren entwickelten Ron und ich endlich eine Ausrüstung, die meine wildesten Träume übertraf. Die Leuchtdauer von $\frac{1}{25000}$ Sekunde war schnell genug, um jedes lebende Tier in der Bewegung einzufrieren, und doch war der Blitz stark genug. Schließlich war die Apparatur tragbar und konnte über Felder und Moore für die Vogelfotografie geschleppt werden. Eine spätere wichtige Verbesserung bestand in der Entwicklung des Mehrfachblitzes. Damit konnte ich in regelmäßigen, doch sehr kurzen Abständen mehrere Blitze schießen, wobei der Verschluß in dieser Zeit geöffnet blieb. Die Bilder erscheinen also auf ein und derselben Fotografie. Damit

**Meine Ausrüstung**
A Flugtunnel
B Grundplatte der Lichtschränke
C Lichtquelle
D Lichtstrahl
E Insekt
F Pflanzen in Behältern
G Spiegel
H Fotozelle
I Energieversorgung für die Blitzlampen
J Verstärker für die Fotozelle
K Batterie
L Schaltkasten
M Energieversorgung, Ladegerät für Batterien
N Kamera
O Objektiv
P Hochgeschwindigkeitsverschluß
Q Drahtauslöser
R Blitzlampen

12 **Blattkäfer**
Mehrfachbelichtungen mit Hilfe der Blitztechnik kommen voll zur Geltung, wenn es darum geht, das Start- und Landeverhalten von Insekten zu dokumentieren. Hier hebt ein venezolanischer Blattkäfer von einem Zweigende ab. Der Zeitabstand zwischen jeder Aufnahme beträgt 30 Tausendstelsekunden. Daraus kann man die Beschleunigung berechnen. Zu Beginn liegt die Fluggeschwindigkeit bei einem halben Meter pro Sekunde, am Ende bei ungefähr 1 m pro Sekunde: diese Beschleunigung erfolgte innerhalb $1/10$ Sekunde, eine geringe Leistung verglichen mit anderen Insekten. In dieser Zeit drehte der Käfer allerdings seinen Körper um 90 Grad. Ein Flugzeug würde bei einem solchen Manöver abschmieren.

konnte ich nicht nur verschiedene Flügelstellungen in kurzen Zeitabständen aufnehmen, sondern auch bisher unerforschte Verhaltensweisen dokumentieren, etwa die Bewegungen beim Landen und Starten.
Nun, da ich den Blitz hatte, brannte ich mehr als jemals zuvor darauf, die restlichen Probleme zu lösen. Die Lichtschranke funktionierte bereits gut. Ein Lichtstrahl aus einer Quarz-Halogen-Lampe fiel gebündelt auf eine Fotozelle, die ihrerseits mit einem empfindlichen Verstärker gekoppelt war. Schließlich gelang es mir, das System so fein abzustimmen, daß es auf ein menschliches Haar reagierte, das selbst mit großer Geschwindigkeit durch den Lichtstrahl gezogen wurde. Wenn ein solches „fliegendes" Haar nicht unentdeckt blieb, dann würde die Apparatur auch auf den Fühler eines Insekts reagieren.
Bevor ich aber die Lichtschranke an lebenden Insekten testen konnte, mußte ich noch einen Weg finden, um die Insekten in einer Richtung, auf diesen Lichtstrahl hin, fliegen zu lassen. Es erschien mir logisch, daß die meisten Insekten auf das Licht zufliegen würden, und so baute ich einen Tunnel, durch den sie in die Freiheit gelangen konnten. Versuche zeigten bald, daß die Idee vernünftig war, abgesehen natürlich von den unvorhergesehenen Empfindlichkeiten des Insektentemperaments. Jedenfalls war es ein Schritt in die richtige Richtung.
Die Arbeit am Projekt dauerte nun schon 18 Monate, und am Ende war sie ganz besonders frustrierend, da ich mit dem Fotografieren nicht beginnen konnte, bevor

der schnelle Verschluß nicht gebaut war. Ich wollte die Verschluß-Vorlaufzeit von $\frac{1}{10}$ auf $\frac{1}{1000}$ Sekunde verringern – eine Verbesserung um das 100fache! Rons und meine Anstrengungen bei der Erreichung dieses ehrgeizigen Ziels hatten nichts mit der elektronischen Zauberei zu tun, mit der das Blitzproblem gelöst wurde. Wir mußten auf grundlegende Prinzipien der Ingenieurskunst zurückgreifen. Ein System elastischer Bänder war aufwendig, keinesfalls elegant und auch unwirksam; das überraschte uns auch kaum. So versuchten wir etwas drastischere Methoden, eine kleine Dynamitladung. In gewisser Hinsicht funktionierte diese Möglichkeit, doch hatte sie mehrere Nachteile, die uns zwangen, dieses Vorhaben aufzugeben: die hohen Kosten pro Aufnahme, die schwere Erschütterung der Kamera, die lange Zeit, die verging, bis die Kamera wieder schußbereit war, die beschränkte Lebensdauer des Verschlusses, schließlich auch Lärm und Rauch.

Am Ende mußten wir Kompromisse schließen und bauten einen elektronischen Verschluß mit einer Vorlaufzeit von $\frac{1}{400}$ Sekunde. Er erwies sich aber als schnell genug, ausgenommen für die flinksten kleinen Insekten.

Nachdem die Ausrüstung nun komplett war, konnte ich ernsthaft mit dem Fotografieren beginnen. Die nächsten Monate waren sehr aufregend, und ich probierte die neue Technik an einer großen Zahl von Insekten aus. Der Flugtunnel schluckte immer mehr Insekten, da meine natürliche Ungeduld schließlich die Oberhand gewann. Es fällt

13 **Turmfalke**
Erst heute ist mir klar geworden, daß ich diesen Turmfalken nicht hätte belästigen dürfen, denn das Weibchen besuchte das Nest nur ein- oder zweimal am Tage, und zwar deshalb, weil die beiden Nestlinge mit jungen Staren gefüttert wurden, anstatt wie üblicherweise mit kleinen Mäusen oder Regenwürmern. Ein Star aber reichte aus, um die Jungen einen ganzen Tag lang ruhigzustellen. Ich hatte auch große Schwierigkeiten, das Weibchen dazu zu bringen, in einem rechten Winkel ins Nest zu fliegen. Und obwohl ich eine Reihe von Tricks versuchte, erhielt ich doch nie das, was ich eigentlich wollte. Ich verbrachte zehn langweilige, kalte, feuchte und windige Julitage, eingepfercht in ein winziges Versteck, und das veranlaßte mich, Geld in eine Motorkamera zu investieren.

14 **Große Binsenjungfer**
Zehn Tage brauchte ich für diesen Schnappschuß und patschte auf der Suche nach geeigneten Tieren oft in einen matschigen Weiher in Ashdown Forest in Sussex. Ich wollte das Brutgeschäft nicht stören und brachte die Libellen jeden Abend wieder zu ihrem Weiher zurück. Ich wollte die Binsenjungfer (Lestes sponsa) mit dem Kopf voran im Zentrum zwischen den Steinen und die Flügel in gekreuzter Position. Dazu mußte ich 250 Aufnahmen auf Kodachrome machen, bevor ich zufrieden war. Die leichte Unschärfe der Flügelspitzen ist nicht eine Folge der Flügelbewegung, sondern der beschränkten Schärfentiefe: die Vorderflügel sind ganz nach vorne über den Kopf des Insekts hinaus gestreckt, während die Hinterflügel gegen das Abdomen zu gerichtet sind. Die Fotografie zeigt deutlich die Phasenverschiebung zwischen dem Schlag der Vorder- und der Hinterflügel.

mir schwer, meine Gefühle zu beschreiben, als ich zum erstenmal erkannte, was die Insekten im Flug wirklich tun. Stellen Sie sich meine Aufregung vor, als ich bei der Sichtung neuer Diapositive erkannte, daß ein Eulenfalter beim Start Flügelschuppen „abwirft", daß die Verdrehung eines Fliegenflügels so stark ist, daß die Vorderkante nach hinten schaut, und daß eine Florfliege einen Salto durchführen kann.
In den nächsten Jahren verbesserte ich die Ausrüstung und die Aufnahmetechniken nach und nach, fotografierte fast 200 Insektenarten und schoß ungefähr 50'000 Bilder. Später ging ich zu Kurzzeitaufnahmen von Vögeln, Fledermäusen, Amphibien, Reptilien und Spinnen über. Dabei unternahm ich Reisen in exotische und weniger exotische Orte in Europa, den Vereinigten Staaten und Südamerika.
Als ich mit der Kurzzeitfotografie des Fluges begann, wollte ich ursprünglich zwei Dinge erreichen. Zunächst war es mein Ziel, das Flugverhalten und die Flügelbewegungen, die ja niemand sehen konnte, fotografisch zu dokumentieren und dabei jede Verdrehung, jede Schuppe, jedes Haar, jede Feder in den Einzelheiten zu zeigen. Zum zweiten – und ebenso wichtig – wollte ich Bilder von Tieren machen, die in einer attraktiven natürlichen Umgebung fliegen. Nun glaube ich, daß eine immer wichtigere Triebfeder meines fotografischen Schaffens darin besteht, dem Betrachter die Vollkommenheit der Natur und mein Staunen darüber mitzuteilen. Ich hoffe, daß das Buch dieser Intention gerecht wird.

15 **Schwebfliege**
Schwebfliegen gehören zu den besten und spektakulärsten Fliegern in der Natur.

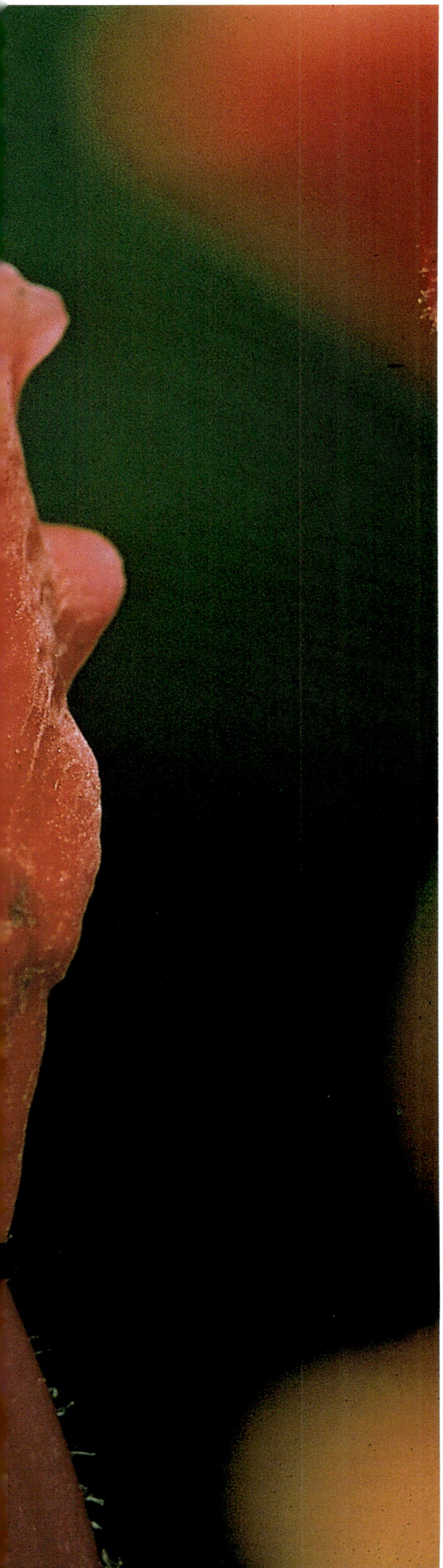

# Insekten

Vom fotografischen Standpunkt aus unterscheiden sich Insekten durch ihr unvorhersehbares Verhalten klar von Vögeln und anderen Wirbeltieren. Der Flugweg von Vögeln läßt sich oft bis zu einem gewissen Grad im voraus bestimmen; bei den Insekten gelingt dies in den wenigsten Fällen. Vögel fliegen auch in mehr oder minder geraden Linien oder in regelmäßigen Kurven, der Flug der Insekten hingegen erscheint uns zufällig und regellos.

Dieses erratische Verhalten, zusammen mit den Schwierigkeiten, die uns der äußerst beschränkte Bildwinkel bereitet, hat zur Folge, daß es fast unmöglich ist, fliegende Insekten in ihren natürlichen Lebensräumen aufzunehmen. Man stelle sich vor, ein Fotograf wolle einen bestimmten Käfer über einer bestimmten Blüte fliegend aufnehmen – er könnte ein Leben lang warten, und das noch vergebens. Die einzige praktische Möglichkeit besteht darin, das Insekt zu fangen und unter kontrollierten Bedingungen im Studio zu fotografieren.

Man bringt ein Insekt am einfachsten dazu, von Punkt A zu Punkt B zu fliegen, indem man dessen instinktmäßige Reaktion auf das Licht ausnützt. Wenn das Tier in einer dunklen Schachtel mit einem einzigen Ausgang zum Licht hin sitzt, besteht immerhin eine gute Chance, daß es ins Freie fliegen wird. Einige Insekten nahmen von diesem Ausgang allerdings keine Kenntnis und flogen endlos in ihrem Gefängnis hin und her. Andere zogen es vor, hinauszukrabbeln, statt zu fliegen, während wiederum andere in der Schachtel sitzen blieben und auf bessere Zeiten warteten. Das jeweilige Verhalten hängt von der Art und der individuellen Stimmung ab. Kooperationsunwilligen Tieren kann man bisweilen auf die Flügel helfen, indem man direktes Sonnenlicht als Attraktion in den Flugtunnel schickt. Gelegentlich mag man auch zu härteren Mitteln greifen, etwa zu leichter Berührung oder Erwärmung. Viele Insekten, darunter Käfer und Fliegen, erklettern erst eine Erhebung oder eine Pflanze, bevor sie losfliegen. Oft tun sie das nur am Ende des Flugtunnels, wo sie nach ausgiebiger Körperreinigung in einer Tangente wegfliegen und damit den Strahl der Lichtschleuse umgehen. Wie bei jeder Art der Tierfotografie hängt der Erfolg nicht nur von den Kenntnissen des Insektenverhaltens, sondern auch von der Geduld und schließlich von einer erheblichen Portion Glück ab.

Selbst wenn die Insekten tun, was der Fotograf will, stehen die Chancen eines sofortigen Erfolges schlecht. Es gibt viele Gründe dafür, die meisten haben aber mit der Schärfentiefe zu tun. Wir bezeichnen damit den Abstand zwischen dem nächstgelegenen und dem am weitesten entfernten Punkt, der bei bestimmter Einstellung noch scharf abgebildet wird. Die Schärfentiefe macht den Insektenfotografen das Leben schwer. Wer mit diesem Begriff nicht vertraut ist, muß folgende Dinge berücksichtigen.

Nehmen wir an, wir fotografieren eine 200 mm lange Schildkröte so, daß ihr Bild auf dem Film 10 mm beträgt. Wir haben dann einen Abbildungsmaßstab von 1:20 – also eine Verkleinerung. Bei Blende 16 beträgt die Schärfentiefe bei kritischer Arbeitsweise ungefähr 300 mm, mehr als ausreichend, um 2 Schildkröten nebeneinander scharf abzubilden.

Stellen wir uns nun vor, wir nehmen ein 10 mm langes Marienkäferchen auf, das in der Körperform einer Schildkröte durchaus ähnlich sieht. Der Abbildungsmaßstab beträgt 1:2; damit wird das Abbild des Marienkäferchens auf dem Film 5 mm lang. Die Schärfentiefe bei Blende 16 reduziert sich auf ungefähr 5 mm, was gerade ausreicht, die gewölbte Gestalt überall scharf abzubilden. Bei einer 1:1-Abbildung, wenn also Objekt und Bild gleich groß sind, geht die Schärfentiefe auf 1,5 mm zurück, und das reicht nur noch aus, um einen Teil des Käfers scharf zu bekommen. Bei einer Vergrößerung um den Faktor 2 geht die Schärfentiefe auf ¼ mm zurück. Das ist für uns unbrauchbar, denn damit wäre nur die Klaue an der Fußspitze scharf auf dem Bild!

16 Der Flugtunnel beim Fotografieren, eine einfache Konstruktion, die sich sehr gut bewährt hat.

Probleme beim Fotografieren einer Schildkröte gibt es also nicht, wohl aber beim Marienkäferchen. Je geringer die Blendenöffnung, um so größer die Schärfentiefe. Um die gesamte Tiefe des Insekts bei einer 1:1-Abbildung herauszuholen, wäre ungefähr eine Blende 90 notwendig. Selbst wenn man sie so weit verschließen könnte, gäbe es ernsthafte Schwierigkeiten. Zunächst müßten wir als Ausgleich für die fast geschlossene Blende die Blitzstärke um den Faktor 32 erhöhen. Ein schlimmeres Nebenprodukt kleiner Blenden sind Beugungserscheinungen. Sie werden von den Kanten der Blende erzeugt und beruhen auf der Wellennatur des Lichtes. Praktisch gesehen machen sie das Bild verschwommen. Je kleiner die Blendenöffnung und je größer der Abbildungsmaßstab, um so stärker auch die Beugung.

Eine große Schärfentiefe stellt also nicht die ideale Lösung dar. Insektenfotografen müssen sich bei ihrer Arbeit zwischen zwei Extremen bewegen: weitgeöffnete Blenden führen zu ungenügender Schärfentiefe, geschlossene Blenden beeinträchtigen die gesamte Bildqualität. Im allgemeinen ist es wichtiger, die Einzelheiten innerhalb eines bestimmten Bereichs scharf abzubilden. Sehr oft besteht der einfachste Weg zum Gewinn an Schärfentiefe darin, die Aufnahme bei geringerem Abbildungsmaßstab zu machen und das Negativ oder das Diapositiv später im Labor zu vergrößern, anstatt stärker abzublenden. Das Abblenden und die Wahl des Abbildungsmaßstabes stellen also zwei Möglichkeiten dar, zwischen denen man mittelnd Kompromisse schließen kann.

Beim Fotografieren fliegender Insekten kommt erschwerend hinzu, daß eine größere

Schärfentiefe notwendig wird als bei der Aufnahme unbewegter Tiere. Fliegt das Insekt gegen die Kamera, so sollte sich die Schärfentiefe von der Fühlerspitze mindestens bis zu den Hinterrändern der Flügel erstrecken. Fliegt es tangential zur Kamera, so muß die Schärfentiefe noch größer sein, da ja die Flügel ausgestreckt sind. Fehler dürfen also nicht passieren: Befindet sich das Insekt nicht genau in der vorbestimmten Ebene, so wird der eine oder andere Körperteil unscharf.

Nur wer diese Fallgruben kennt, kann seine Apparatur so aufstellen, daß die nachteiligen Effekte möglichst gering bleiben. Die Größe des Ausflugloches hängt von der Größe des Insekts und dem Abbildungsmaßstab ab, der für eine optimale Schärfentiefe notwendig ist. Ist dies bestimmt, so bauen wir die Lichtschranke auf und stellen sie ein. Man kann einen einzigen Strahl verwenden, doch kann das Insekt leicht darüber oder darunter hinwegfliegen. Mit Spiegeln zu beiden Seiten der Flugöffnung können wir den Strahl mehrfach brechen und das tote Gebiet verkleinern, doch solche Strahlenzäune haben auch ihre Nachteile, zum Beispiel die Lagebestimmung des Insekts innerhalb des Diapositivs. Auch sich kreuzende Strahlen schaffen im allgemeinen mehr Probleme, als sie selbst lösen.

Es ist nur schwer vorauszusehen, mit welchem Körperteil – Fühler, Kopf, Rumpf, Flügel oder Bein – das Insekt die Lichtschranke durchbricht. Wenn wir das durch die Abstimmung des optischen und elektronischen Detektorsystems nicht von vorneherein bestimmen, besteht die Gefahr, daß das Bild unscharf wird. Mit Hilfe von Linsen und Blenden kann man die Optik so abstimmen, daß sie entweder auf relativ große Objekte wie Körper und Flügel oder auf feine Körperteile wie Fühler oder Beine reagiert. Der Verstärker läßt sich auch auf die Fluggeschwindigkeit einrichten, etwa in der Form, daß die Lichtschranke auf den Körper einer langsam fliegenden Hummel nicht reagiert, wohl aber auf ihre schnellen Flügelbewegungen.

Schließlich erhebt sich noch die Frage, wie es mit der Verzögerung des Verschlusses steht. Bei sehr großen, langsam fliegenden Insekten wie Käfern und Hummeln kann man diese Verzögerung ignorieren. Bei schnellen Fliegern wie Bremsen, manchen Tagfaltern und Nachtschmetterlingen ist das nicht möglich. Eine gewisse Kompensation über die Schärfeneinstellung ist besonders wichtig, wenn das Insekt gegen die Kamera fliegt, denn selbst eine Verzögerung von $\frac{1}{400}$ Sekunde kann immerhin eine Lageveränderung um 10 mm bedeuten.

Auf welchen Punkt wir die Kamera schließlich scharf einstellen, hängt von all diesen variablen Faktoren ab. Ich bin allerdings immer wieder versucht, sie alle zu vernachlässigen in der Hoffnung, sie würden sich gegenseitig aufheben!

Trotz dieser mannigfaltigen elektronischen und optischen Hilfen und der ganzen Sorgfalt beim Aufbau der Apparatur können noch viele Dinge das Bild ruinieren. Die Chancen stehen schlecht, daß das Insekt genau in der richtigen Position, mit „richtiger" Flügelhaltung und bei richtiger Belichtung aufgenommen wird und das Bild auch noch die notwendigen ästhetischen Qualitäten hat. Die einzige reelle Antwort auf dieses Problem heißt: wir müssen Dutzende oder gar Hunderte von Bildern aufnehmen und das Beste hoffen.

Einige Insekten, darunter Fliegen, scheinen vollkommen glücklich, wenn sie immer wieder durch den Tunnel fliegen dürfen, während sich andere weniger zuvorkommend verhalten. Bienen machen oft schlapp und müssen häufig mit Nektar oder Zucker gefüttert werden. Libellen mühen sich im allgemeinen ab, hören aber nach sehr kurzer Aktivität auf und müssen dann ins Freie entlassen werden, und der Fotograf muß sich nach einem neuen Tier umsehen. Schmetterlinge verlieren viele Flügelschuppen, wenn man sie immer wieder fängt und in den Tunnel setzt, so daß sie nach kurzer Zeit beschädigt aussehen. Auch hier braucht der Fotograf reichlichen Nachschub.

17, 18 **Florfliege**
Der weiche flatternde Flug der Florfliege erscheint uns zufällig und unkontrollierbar und der Gnade des leisesten Luftzuges ausgesetzt. Der Mehrfachblitz zeigt aber, daß diese Tiere erstaunliche Luftkunststücke ausführen, etwa einen Looping. Was sie zu diesen Manövern veranlaßt, ist nicht klar, doch ich vermute, daß sie damit Räuber verwirren wollen.

Eine meiner denkwürdigsten Erfahrungen mit Insekten begann mit einem Zufall. Schon lange guckte ich in die dunkle Röhre und wartete darauf, daß ein starrköpfiger Nachtschmetterling sich zum Fliegen anschickte, als plötzlich eine grüne Florfliege aus dem schwarzen Nichts erschien und auf einem Weißdornblatt ungefähr 5 cm vom Strahl der Lichtschranke entfernt landete. Sie putzte ungefähr eine Minute lang ihre Fühler, dann tat es einen lauten Schlag, und meine Anlage „schoß". Obwohl ich nicht sehen konnte, was geschehen war, mußte das Insekt senkrecht gestartet sein, um den Lichtstrahl zu unterbrechen, und das erwies sich auch als richtig, als ich den Film entwickelte. Was aber noch mehr überraschte: Der Körper des Insekts stand senkrecht zum Blatt, und die vier Flügel waren nach oben gewölbt wie bei einem Regenschirm, der vom Wind umgedreht wird.

Ich war von der Flugakrobatik dieses zarten Insekts so eingenommen, daß ich beschloß, die Situation wieder nachzubauen und die Erscheinung mit Hilfe eines Mehrfachblitzes aufzunehmen. Ich wollte drei scharfe Bilder, während das Insekt senkrecht startet, und ein Bild sollte jene Erscheinung des „umgestülpten Regen-

19 **Zebrafalter**
Der Zebrafalter – wissenschaftlich heißt er Heliconius charitonius – ist einer der exotischsten Schmetterlinge der Everglades. Er gehört zur tropischen Familie der Helikoniiden, von denen nur drei Arten in den Vereinigten Staaten vorkommen. Die Musterung und das Verhalten machen den Schmetterling im Helldunkel der Vegetation fast unsichtbar. Wenn sich die Schmetterlinge beunruhigt fühlen, verschwinden sie sofort im Schatten des Unterwuchses.

schirms" zeigen. Die Chance eines Erfolges war gering, da Florfliegen nicht regelmäßig senkrecht starten, und wenn sie es doch einmal tun, so war es unwahrscheinlich, daß alle drei Bilder scharf ausfielen – die zierlichen Kreaturen legen sich keine Rechenschaft über das Problem der Schärfentiefe ab. Und auch die Wahrscheinlichkeit, daß einer der Blitze genau im Augenblick der gewünschten Flügelposition schoß, war äußerst gering.

Ich widmete dem Projekt ungefähr drei Wochen. Glücklicherweise gab es in einem kleinen Birkenwald hinten in meinem Garten genügend Florfliegen. Insgesamt machte ich 900 Diapositive mit 2700 Blitzauslösungen, und obwohl ich nie das erhielt, was ich eigentlich wollte, entdeckte ich doch viel über den Flug der Florfliege.

Die Mühen, die ich auf die Florfliege verwandte, standen in einem scharfen Gegensatz zur Zeit, die ich einige Tage später einer Libelle widmete. Durch einen glücklichen Zufall fing ich das Insekt mit Daumen und Zeigefinger ungefähr 15 Meilen von meinem Haus entfernt und nahm es, eingewickelt in ein Taschentuch, mit nach Hause. Mit Binsen und Blättern aus dem Gartenteich baute ich einen entsprechenden Vordergrund auf und überredete das Insekt ein oder zwei Stunden lang, die Lichtschranke zu passieren. Schließlich nahm ich drei Bilder auf, und durch einen außergewöhnlichen Glücksfall war eines davon perfekt – das Insekt hatte die richtige Lage und war überall scharf abgebildet (siehe Seite 34). Auf dem Originaldia lassen sich sogar die einzelnen Facetten des Insektenauges erkennen.

Die erste Gelegenheit, um meine Ausrüstung im Ausland auszuprobieren, bekam ich 1973, als der Verlag Reader's Digest in New York mir den Auftrag erteilte, einige subtropische Insekten der Everglades in Florida für mein Buch „Borne on the Wind" zu fotografieren. Diese Sumpflandschaft stellt für einen Tierfotografen ein aufregendes Jagdgebiet dar. Abgesehen von den vielen Insekten, die ich noch nicht kannte, waren die Feuchtgebiete auch reich an prächtigen seltenen Vögeln, Schlangen, Hundertfüßern und Alligatoren.

Während meines sechswöchigen Aufenthaltes machte ich ungefähr 1000 Bilder. Ich suchte am frühen Morgen und am Abend Insekten in der subtropischen Vegetation und auf den kleinen Inseln im Sumpfgebiet. Die heißeste Tageszeit verbrachte ich beim Fotografieren im komfortablen Hotelzimmer mit Air Condition. Die Ausrüstung stand im Schlafzimmer meines Motels in Flamingo Bay, an der Südspitze Floridas. Die Drähte und Ausrüstungsgegenstände versetzten das Zimmermädchen gelegentlich in Schrecken und störten ihre tägliche Routine. Daß jemand 3000 Meilen weit reisen würde, um das Sumpfungeziefer aufzunehmen, erschien ihr auf eine unglaubliche Weise sinnlos.

Am lebhaftesten hat sich in meine Erinnerung der Anblick von ungefähr zwei Dutzend Zebrafaltern eingeprägt, die in lyrischem Tanz an der Decke meines Schlafzimmers flatterten. Ich verbrachte viele Stunden damit, sie in den Flugtunnel zu locken, um ihre graziöse langsame Flatterbewegung aufzunehmen (Bild 19).

Ich versuchte immer wieder, die Stimmung des Lebensraumes wiederzugeben, und bevor ich zu fotografieren beginne, beobachte ich das Insekt, wie es sich in seiner natürlichen Umgebung verhält, welche Pflanzen es besucht und welche Merkmale sein Flug aufweist. Einmal abgesehen von der Ästhetik ist es auch biologisch sinnvoll, Pflanzen für den Vordergrund auszuwählen, an die das Tier gewöhnt ist.

Eine weitere Jagderinnerung aus den Everglades betrifft eine große Libellenart, die lokal recht häufig vorkommt. Sie ist tagsüber nicht sehr aktiv und beginnt erst bei herannahender Dämmerung mit ihren Patrouillenflügen, wobei sie Mücken fängt. Bisweilen flogen die Libellen nur wenige Zentimeter über dem Boden, und ihre dünnen schokoladebraunen Körper und bernsteinfarbenen Flügel vermischten sich mit dem Dämmerungslicht, und nur das Rascheln ihrer häutigen Flügel erinnerte

20 **Heliconius erato**
Die Amerikaner nennen dieses wundervolle Tier mit deutlicher Anspielung auf die Unterflügelfarbe „Malachite". Auch er gehört zur Familie der Helikoniiden, die in der Legende zu den Bildern 32–36 näher beschrieben sind.

daran, daß sie in der Nähe waren. Je dunkler es wurde, um so höher flogen sie, bis man sie nur noch silhouettenartig gegen den dunklen Himmel ausmachen konnte. Dort mußten sie den riesigen Netzen großer Kreuzspinnen ausweichen, die zwischen den Zweigen großer Kiefern gespannt waren. Die Fotografie, die ich schließlich in den vier Wänden meines engen Motelzimmers aufnahm, symbolisiert für mich die Freiheit des Fluges und weckt in mir die Erinnerungen an jenen Abend.
Erst 1978 konnte ich wieder aufregende und ungewöhnliche Insekten studieren, als nämlich die BBC einen Fernsehfilm innerhalb ihrer Reihe World About Us über meine Arbeit drehte. Die Leute fragten mich, ob es einen bestimmten Ort in der Welt gebe, wo ich meine Kurzzeitkamera ausprobieren möchte, und ich antwortete ohne zu zögern: „Ja, Südamerika." Bei dieser Gelegenheit wählten wir den exotischsten Ort, den ich mir vorstellen konnte, Venezuela – schon allein der Name beschwört üppige tropische Bilder mit prächtigen Schmetterlingen und Kolibris sowie Riesenspinnen und Giftschlangen herauf.
In Tat und Wahrheit sah ich nur wenige Spinnen und Schlangen, aber die Vielfalt und Menge der Insekten waren überwältigend. Wiederum baute ich meine Ausrüstung in einem verhältnismäßig komfortablen Hotelzimmer auf. Den Morgen und den späten Nachmittag verbrachte ich in nahegelegenen Nebelwäldern auf der Jagd nach geeigneten Tieren. Der Ort bedeutete für mich das Paradies: Kolibris schwirrten in den Baumwipfeln, die Luft war von tropischen Düften gesättigt und erfüllt von mysteriösen und peinigenden Geräuschen. Überall gab es Schmetterlinge, am häufigsten aus den Familien der Helikoniiden und Ithomiiden. Wenn ich mit meiner Frau Liz von einer Waldlichtung zur andern zog, scheuchte jeder unserer Schritte Dutzende dieser Schmetterlinge auf, und einige Meter weiter ließen sie sich wieder auf den Lichtflekken im sonst düsteren Regenwald nieder. Mein Liebling war ein grüner Helikonier (Bild oben), den die Amerikaner zu Recht „Malachite" nennen. Vielleicht ist er nicht

21 **Libelle**
Ich fing diese Libelle mit dem Netz auf einer Feuerschneise in den Everglades und brachte sie in mein Behelfsstudio im Hotelschlafzimmer. Libellen fliegen im Tunnel nicht gerade enthusiastisch gerne, denn eigentlich brauchen sie zum Fliegen warmen Sonnenschein. Diese Art aber ist ein Dämmerungstier und konnte deswegen auch aufgenommen werden.

der bunteste Falter, gehört aber sicher zu den prächtigsten. Bei meinem Versuch, die Schattierungen der Silberfarbe und des durchscheinenden Grüns einzufangen, verwendete ich eine Hintergrundbeleuchtung, doch kann die Fotografie der ausgesuchten Schönheit dieses Insekts kaum gerecht werden.

Eines der bizarrsten Insekten, auf das wir zufällig stießen, war der Harlekinkäfer „Boris", wie wir ihn liebevoll nannten (Seite 72). Er gehört mit seinen langen spinnenartigen Beinen, den scheinbar gefährlichen Mandibeln und den unerhört langgestreckten Fühlern zu den größten und erstaunlichsten Insekten der Welt. Er hatte auch die entnervende Gewohnheit, bei einer Störung ein lautes reibendes Stridulationsgeräusch von sich zu geben. Da Boris zu groß war, um in den Flugtunnel zu passen, entschloß ich mich, ihn draußen im Hotelkorridor aufzunehmen und den Auslöser von Hand zu betätigen. Käfer fliegen langsam und unbeholfen, vor allem beim Start, und so glaubte ich, daß es keine zu großen Schwierigkeiten gäbe.

Der Produzent Peter Bale realisierte schnell, daß dieses Unterfangen einige interessante Filmmeter für ihn ergeben könnte. Er wollte mich filmen, während ich Boris fotografierte, wie dieser gerade von einem Baumstumpf abhob. Niemand war aber darauf vorbereitet, was beim ersten Versuch geschah. Nachdem sich Boris längere Zeit aufgewärmt hatte, wie es alle Käfer tun, stürzte er sich mit drohendem Brummen in die Luft und nahm Kurs auf die Produktionsassistentin, die zufällig zwischen dem Baumstumpf und dem Fenster stand. Der Käfer landete mit gespreizten Flügeln auf ihrem Busen, klammerte sich mit seinen langen scharfen Krallen in der Bluse fest, begann mit den Mandibeln zu knirschen und zu nagen. Gelähmt vor Angst und sprachlos schaute das junge Mädchen zu, wie sechs Leute zu ihrer Rettung heranstürmten und – jeder an einem Bein ziehend – Boris schmerzlich befreiten.

Die weiteren Versuche verliefen weniger dramatisch. Es gelang Peter Bale und mir, die Fotografien zu schießen, die wir wollten, und das Programm wurde ein Erfolg.

22 **Heidelibelle**
Obwohl ich zwei Stunden lang diese Libelle (Sympetrum striolatum) dazu bewegen wollte, an der richtigen Stelle durch den Flugtunnel zu fliegen, konnte ich doch nur drei Aufnahmen machen. Durch einen glücklichen Zufall zeigt eine davon das Insekt in perfekter Lage und ist absolut scharf.

Wie viele andere verwandte Formen ist auch die Heidelibelle ein ruheloses Tier, das nach kurzen schnellen Flügen immer wieder zur selben Sitzstelle zurückkehrt.

23 **Azurjungfer**
Wie alle Libellen fressen auch die Azurjungfern (Coenagrion) lebende Beutetiere. Sie fangen sie aber meistens nicht im Fluge, sondern packen sie beim Sitzen.

Die Azurjungfern, von denen es mehrere Arten gibt, fliegen knapp über der Oberfläche von Weihern und Bächen und ruhen gern auf niedrigen Wasserpflanzen aus. Zwischen Schilf und Binsen suchen sie ihre Geschlechtspartner.

24 **Libelle der Gattung Hetaerena**
Diese Libellen sind an den schnellfließenden Bergbächen des venezolanischen Bergwaldes sehr häufig. Man erkennt sie sofort an den glänzend roten Flügelbasen, besonders wenn sie sich an hellen, sonnenbeschienenen Stellen des sonst dichten, dunklen Waldes aufhalten.

25 **Bachhaft**
Der Bachhaft (Osmylus fulvicephalus) sieht fast noch zarter aus als die Florfliege. Die Flügel sind größer, gefleckt und erreichen eine Spannweite von 5 cm. Der Bachhaft kommt in der Nähe von Weihern und Bächen vor, wo die Larven ein semiaquatisches Leben führen, am Rande der Gewässer, unter Steinen, zwischen Pflanzenwurzeln. Das erwachsene Tier ist zur Hauptsache in Sommernächten aktiv.

26 **Ameisenjungfer**
Ich fand diese Ameisenjungfer am Rande des venezolanischen Dschungels und nahm sie in mein Hotelzimmer in Maracay mit, wo sie gehorsam den Weg durch den Flugtunnel nahm. Die zarte Eleganz dieses kleinen Insekts straft seine frühere räuberische Larvenexistenz Lügen. Der Ameisenlöwe baut im Sand trichterförmige Fallen und fängt Ameisen, die er vom Zentrum des Trichters aus mit Sandkörnchen bewirft. Mit seinen langen zugespitzten Mandibeln packt er seine Beute und saugt sie aus.
Die geflügelte Ameisenjungfer hob sich in die Luft, ohne daß ich sie nachdrücklich dazu hätte ermuntern müssen. Ihr flatternder schwacher Flug ist bei dieser Fotografie sehr gut eingefangen.

27 **Skorpionsfliege**
Nur einen winzigen Bruchteil einer Sekunde nach dem Abheben wurde das Foto geschossen. Es handelt sich hier um ein Weibchen; das Männchen hat ein dem Skorpionschwanz ähnliches Körperende, ohne jedoch im geringsten giftig zu sein. Skorpionsfliegen sind tagsüber unterwegs und leben von toten Insekten und anderem Aas.

28 **Wüstenheuschrecke**
Viele Heuschrecken entfalten ihre Flügel erst eine Weile nach dem Absprung mit den kräftigen Hinterbeinen. Sie können ihre Flugrichtung nicht sehr gut kontrollieren. Die gesamte Länge des Flugtunnels diente dem Tier für den Start und das Erreichen der Fluggeschwindigkeit.

29 **Heuschrecke**
Eine große tropische Heuschrecke (Tropidacris dux) kurz nach dem Start, beim Flug zwischen Zweigen von Bougainvilleen. Dieses venezolanische Insekt maß ungefähr 10 cm. Die ledrigen Vorderflügel sind ganz anders geformt als die dünnen häutigen Hinterflügel.

31 **Waffenfliege**
Kleine Insekten sind im Flug sehr schwer zu fotografieren, vor allem weil bei großem Abbildungsmaßstab die Schärfentiefe sehr gering ist. Diese kleine Fliegenart löste die Fotografie aus, während ich selbst damit beschäftigt war, Schwebfliegen aufzunehmen. Die Kamera schoß ihr Bild aus einem nicht weiter erkennbaren Grund, und erst als der Film entwickelt vom Labor zurückkam, entdeckte ich im Zentrum des Diapositivs einen dünnen Fleck, der sich als Waffenfliege erwies. Die Vergrößerung oben zeigt, was auf dem Originaldia nur wenige $mm^2$ groß ist.

30 Links **Heuhüpfer**
Einen Sekundenbruchteil nach dem Abheben hat dieser Heuhüpfer (Melanoplus) einige Gräser berührt und eine Pollenwolke zum Ausstoßen gebracht, die wie ein Sternnebel in der Luft hängt. Ich habe die Fotografie auf meiner Reise nach Florida aufgenommen; sie zeigt deutlich die langen muskulösen Hinterbeine und ihre Funktion.

32–36 **Helikoniiden und Ithomiiden**
Die Helikoniiden und Ithomiiden stellen die vielleicht höchstentwickelte Schmetterlingsgruppe dar. Sie kommen nur in tropischen Gegenden der Neuen Welt vor und sind für ihr Mimikry-Verhalten berühmt. Sie haben im allgemeinen einen schlechten Geruch, und ihre Körpersäfte sind ungenießbar. Dafür tragen sie helle bunte Farben und Zeichnungsmuster. Auf diese Weise sind sie vor Räubern geschützt.
Diese beiden Falterfamilien zählen im venezolanischen Wald zu den bezauberndsten Tieren. Wo ich auch hinkam, auf Lichtungen oder enge sonnenbeschienene Pfade im Dschungel, überall flogen mehrere dieser prächtigen Insekten. Den Falter auf dem Bild 33 bezeichnen die Amerikaner als „Skelettschmetterling" (Pteronymia), weil seine Flügel fast durchsichtig sind. Die bläuliche Flügelfarbe ist durch die Beleuchtung zustandegekommen.

37 **Amerikanischer Perlmutterfalter**
Dieser amerikanische Perlmutterfalter gehört nach der Meinung der einen Forscher zur Familie der Nymphaliden, anderen zufolge zu den Helikoniiden. Er flog regelmäßig an einem Beet mit Blumen und Kakteen 50 m von meinem Motel in Florida entfernt. Im Vergleich mit unseren Perlmutterfaltern fliegt diese Art schneller. Sie erreicht eine Flügelspannweite von 6–7,5 cm. Im Flugtunnel verhielt sie sich vorbildlich. Trotz des lateinischen Namens dieser Art, Agraulis vanillae, lebt die Larve von Passionsblumengewächsen.

38 **Danaus gilippus**
Diesen ziemlich häufigen Schmetterling des südöstlichen Teils der Vereinigten Staaten, besonders Floridas, nennen die Amerikaner einfach „Queen". Er ist mit dem Monarch verwandt und bildet mit ihm und anderen die Familie der Danaidae, deren Larven von Schwalbenwurzgewächsen leben. Die „Königin" unterscheidet sich vom Monarch durch die dunklere Färbung. Ihr ist auch ein besonderes Flugverhalten eigen, ein langsamer Gleitflug.

39 **„88"**
Der volkstümliche Name für diesen auffälligen südamerikanischen Falter, der wissenschaftlich Diaethria marchalii heißt, wird mit einem Blick auf die Flügelunterseite sofort klar. Die Oberseite zeigt metallische Farben. Die „88" zählt zur Familie der Nymphaliden oder Scheckenfalter und damit zur Verwandtschaft der Perlmutterfalter, des Admirals und des Tagpfauenauges. Man kann die auffälligen Tiere in großer Zahl an Gewässerufern im Gebirge um Rancho Grande beobachten.

40 **Marpesia coresia**
Dieser Schmetterling erinnert mit seinen schwanzartig verlängerten Hinterflügeln an Schwalbenschwänze und Ritterfalter, ist mit diesen aber nicht näher verwandt, sondern zählt wie unser Admiral und das Tagpfauenauge zu den Nymphaliden oder Scheckenfaltern. Der Schmetterling ist so schnell, daß man ihn im Flug nicht erhaschen kann. So wartete ich, bis er sich am Bachrand zum Trinken niederließ, und fing ihn dann mit dem Netz.

41 **Admiral**
Der Admiral ist einer der bestbekannten Schmetterlinge der Welt. Er hat einen schnellen kräftigen Flug, gehört zu den Wanderfaltern und kommt zu beiden Seiten des Atlantiks vor. Er überquert ohne weiteres den Ärmelkanal, und viele englische Tiere fliegen im Herbst südwärts ins Mittelmeergebiet bis nach Nordafrika. Sie sind dabei oft nachts unterwegs.
Das abgebildete Tier flog in meinem Garten an die violetten Blüten des Sommerflieders. Um zu verhindern, daß sich die Farben schlugen, verwendete ich eine Rispe mit noch ungeöffneten Blüten für den Vordergrund.

42 **Kleiner Fuchs**
Die Rückwärtsbewegung des Flügelschlages befindet sich auf diesem Bild kurz vor dem Stillstand. Wir erkennen die zarten braunen Töne der Flügelunterseite. Der Kleine Fuchs ist heute noch einer der häufigsten Tagschmetterlinge Mitteleuropas. Seine schwarze stachelige Raupe lebt von Brennesseln.

43, 44 **Schwalbenschwanz**
Die Familie der Schwalbenschwänze oder Papilioniden umfaßt einige der größten und spektakulärsten Schmetterlinge. Zu ihnen zählen auch die Vogelfalter, deren Schönheit im Flug sich kaum beschreiben läßt. Unser einheimischer Schwalbenschwanz kommt in Europa, Nordafrika, Asien und Nordamerika vor und fliegt bis in Höhen von über 4000 m. Die beiden Fotografien zeigen zwei unterschiedliche Phasen des Flügelschlags.

45 **Ochsenauge**
Das Ochsenauge (Maniola jurtina) kam mir immer in seinen natürlichen Lebensräumen, auf Wiesen und in Waldlichtungen, als träger Schmetterling vor, und so war ich kaum überrascht, daß es sich im Flugtunnel nur sehr widerwillig zeigte. Das Ochsenauge ist einer der häufigsten Schmetterlinge Europas; in Nordamerika kommt es nicht vor.

46–49 **Schwärmer**
Ich erinnere mich noch, in welche Spannung es mich versetzte, wenn ich einen Schwärmer fand. Die Schwärmer stellen wohl die spektakulärsten aller Nachtfalter dar: sie sind nicht nur prächtig gefärbt, sondern haben auch einen massigen stromlinienförmigen Körper mit außerordentlich kräftigen Flugmuskeln. Was die Fluggeschwindigkeit und die Ausdauer angeht, sind sie wohl unübertroffen.
Rancho Grande, das hoch oben in den Nebelwäldern Venezuelas liegt, ist ein Paradies für den Liebhaber von Schwärmern. Dort kommen mehr Arten als irgendwo sonst auf der Erde vor. Die Bedingungen waren an einigen Abenden sehr günstig, und die Ultraviolett-Lampe der Nachtfalle zog diese Tiere zu Hunderten an. Die Vielfalt der Arten und die Mannigfaltigkeit der Formen und Farben waren in ihrer Schönheit einfach überwältigend.
Leider sind Schwärmer im Flug nicht leicht zu fotografieren. Häufig wärmen sie sich durch sehr schnelle zuckende Flügelbewegungen auf und fliegen danach unkontrolliert im ganzen Flugtunnel umher, wobei sie nur selten an der richtigen Stelle austreten. Die wissenschaftlichen Namen für die abgebildeten Arten: 46 Erinnyis ello, 47 Xylophanes pluto, 48 Erinnyis sp., 49 Amplyterus gamascus

50, 51 **Rieseneule**
Man hat Mühe zu glauben, daß dieses mächtige Lebewesen mit einer Flügelspannweite von 20 cm zur gleichen Familie gehört wie unsere bescheidenen Eulenfalter und Nachtmotten. Ich fing das Tier, das den wissenschaftlichen Namen Erebus odora führt, in den venezolanischen Nebelwäldern um Rancho Grande, wo es recht häufig vorkommt. Kurz nach dem Start zeigt es das Abwerfen von Flügelschuppen (Bild links). Die Flügel stehen kurz vor dem Wendepunkt zur Vorwärtsbewegung. Im Bild oben sind sie auf halbem Weg während des Rückwärtsschlages. Die Rieseneule kommt übrigens auch in Nordamerika vor.

53 **Kommaeule**
Eine interessante und bisher unbekannte Erscheinung konnte die Kurzzeitfotografie dokumentieren: das Abwerfen von Flügelschuppen bei gewissen Motten, besonders unter den Eulenfaltern. Es findet vor allem während des Starts statt, wie aus dieser mehrfach belichteten Aufnahme des Kommafalters (Sideridis comma) deutlich wird. Bisher hat mir noch niemand eine überzeugende biologische Erklärung für dieses Abwerfen von Flügelschuppen geben können.

52 links **Kleiner Kahnspinner**
Dieser prächtige und doch häufige Eulenfalter mit seinen silbriggrün gestreiften Vorderflügeln und dem rosafarbenen Rand ist eben von der Korbblüte gestartet. Der Kleine Kahnspinner (Hylophila prasinana) kommt gelegentlich in Buchenwäldern sehr häufig vor.

54 **Bärenspinner**
Die Bärenspinner stellen eine sehr große Gruppe mit einer unglaublichen Vielfalt prächtig gefärbter und auffällig gemusterter Arten dar. Eine besonders große Artenfülle weist Südamerika auf. Beim nächtlichen Lichtfang in Rancho Grande wurden Hunderte von ihnen angezogen. Die abgebildete Art ist dem Wissenschaftler unter dem Namen Ormetica maura vertraut. Bärenspinner hören die Ultraschallschreie jagender Fledermäuse. Sie lassen sich dann fallen und stoßen zur gleichen Zeit Ultraschalltöne aus, um das Radarsystem der Fledermäuse zu stören.

56 oben **Chetone angulosa**
Eine weitere Vertreterin der Perikopiden, diesmal aus Florida. Sie ahmt die Helikonier und die Ithomiiden nach – man vergleiche dies mit den Abbildungen 32–36.
Die mehrfach belichtete Aufnahme zeigt das Insekt kurz nach dem Start. Die Blitze wurden in einem Abstand von ungefähr 25 Tausendstel Sekunden geschossen.

55 links **Eucyane**
Die abgebildete venezolanische Art aus der Familie der Perikopiden zeigt mit ihren bunten, roten, blauen und weißen Warnfarben an, daß sie ungenießbar ist. Obwohl die Perikopiden im wesentlichen tagsüber fliegen, fing ich dieses Exemplar im Dämmerlicht. Im Netz stellte es sich tot, zog die Beine an, bog den Hinterkörper auf und klappte die Flügel auf eine ungewöhnliche Weise nach hinten. Gleichzeitig gab das Insekt eine schaumige gelbe Flüssigkeit ab und machte ein Geräusch, wie wenn etwas schäumte. Im Flugtunnel erwies sich das Tier aber als überraschend kooperativ.

57 links **Federmotte**
Die abgebildete Federmotte (Platyptilia ochrodactyla) ist eben von der Knospe eines Johanniskrauts weggeflogen. Diese zarten kleinen Insekten haben einen langsamen Flug und wirken sehr zerbrechlich. Doch sind sie bemerkenswert resistent, denn Arten dieser Familie wurden auch in den nackten Lebensräumen der Hochanden auf 5000 m Höhe gefunden.

58 **Langfühlermotte**
Nur durch eine Abstimmung der Lichtschranke und ihrer Fotozelle gelang es zu verhindern, daß die außerordentlich langen Fühler dieses Kleinschmetterlings mit dem Namen Adela degeerella Blitz und Auslöser betätigten, bevor sich der Körper der Motte genau in der Schärfenebene befand.

59 links **Schmalbock**
Fliegende Bockkäfer aufzunehmen ist oft eine frustrierende Angelegenheit, denn die meisten Arten erheben sich nur sehr widerwillig in die Luft. Und wenn sie es tatsächlich tun, ist ihr Flug richtungslos. Der Schmalbock (Strangalia maculata) hingegen ist ein guter Flieger, der oft im Sonnenschein von Blüte zu Blüte eilt. Ich fand dieses Exemplar, wie es sich vom Nektar einer Wildrose ernährte, und brachte ihn in Gefangenschaft zum Fliegen, indem ich ihn der heißen Nachmittagssonne aussetzte.

60 **Marienkäfer**
Als dieser Marienkäfer von der Blüte abhob, wirbelte er eine Wolke mit gelben Pollen auf. Sowohl die erwachsenen Tiere wie auch die Larven ernähren sich von Blattläusen und machen sich damit im Garten und auf Feldern nützlich.

61 **Harlekinbock**
Dieser Harlekinbock (Acrocinus longimanus) war zu groß und zu schwerfällig, um durch meinen Tunnel zu fliegen, und so mußte ich ihn zum Staunen mancher Gäste im Korridor des Plüschhotels Maracay aufnehmen. Zur Aufregung trug auch bei, daß ein Fernsehteam der BBC das Ereignis fotografierte, um es in einem Film der Reihe World About Us zu verwenden. Man kann sich eine Idee von der Größe dieses Käfers machen, wenn man weiß, daß die Fühler allein 12 cm lang sind. Eine weitere Merkwürdigkeit des Harlekinbocks ist seine Vergesellschaftung mit Pseudoskorpionen, die er unter seinen Flügeldecken mit sich herumträgt.

62 **Stubenfliege**
Ich fotografierte dieses Exemplar mitten im Winter, wenn diese Insekten schwer zu finden sind. Ich erhielt es von einem Laboratorium, das sich mit Schädlingsbekämpfung befaßt. Im Bild steigt die Fliege gerade von einer Schnitte Vollkornbrot auf. Es zeigte sich aber, daß diese Laboratoriumsfliegen sich sehr ungern in die Luft erhoben; offensichtlich hatten ihre Flugmuskeln infolge der beengten Verhältnisse, in denen sie herangezogen werden, nur geringe Übung. Sie liefen und sprangen gewohnheitsmäßig, und das war sehr frustrierend. Die einzige Lösung bestand darin, sie in der Küche freizulassen und ihnen damit die Möglichkeit zu geben, das Fliegen zu trainieren. Als mich Freunde besuchten, waren sie entsetzt darüber, wie es in meiner Küche vor Fliegen wimmelte. Meine Bemerkung, diese Laborfliegen seien wahrscheinlich sauberer und weniger verseucht als meine Besucher, wurde nicht ohne weiteres angenommen.

63 **Schmeißfliege**
Die grünen wie die blauen Schmeißfliegen fliegen sehr schnell und regellos, und es ist eine knifflige Aufgabe, sie selbst mit Hilfe eines Kurzzeitverschlusses scharf aufs Bild zu bekommen. Da dieses Insekt nach der Auslösung der Lichtschranke noch ungefähr 7 mm weiterflog, mußte ich diese Verzögerung von 1/400 Sekunde in Betracht ziehen. Glücklicherweise war die Schärfentiefe davon nicht betroffen, da sich die Fliege im rechten Winkel zur optischen Achse bewegte. Schmeißfliegen gehen nicht nur auf verwesende Kadaver, sondern ernähren sich auch von einer Vielzahl von Blüten. Das gilt besonders für Schirmblütler. Im Bild fliegt sie von einem Blütenstand zum andern.

64 **Dungfliege**
Die Dungfliege (Scopeuma stercoraria) benützt das mittlere Beinpaar, um beim Start in die Luft zu springen. Man bemerke das dreifache vibrierende Bild der Absprungrampe, einer Rhododendronblüte ohne Krone. Die Dungfliegen ernähren sich auf vielfältige Weise: teilweise von Kot und Dung, in dem auch ihre Larven leben. Dann besuchen sie Blüten, trinken Nektar, erbeuten aber auch auf räuberische Weise andere Insekten, indem sie sie mit einem Biß in den Nacken lähmen.

65 **Schnake**
Die Schnaken fliegen normalerweise nachts und werden oft vom künstlichen Licht angezogen und gelangen dann ins Zimmer. Trotz ihres bedrohlichen Aussehens stechen sie nicht. Tagsüber hängen die Schnaken an langen Gräsern und in Hecken, wo man sie leicht aufscheuchen kann. Bei ihrem charakteristischen langsamen tanzenden Flug lassen sie die Beine nach unten hängen.

66 **Schwebfliege**
Schwebfliegen beherrschen eine überraschende Reihe von Flugkunststücken: sie fliegen rückwärts, aufwärts, abwärts und seitwärts. Sie können blitzschnell beschleunigen, abrupt die Richtung ändern oder in der Luft stehenbleiben. So überrascht es nicht, daß es den Wissenschaftlern immer noch nicht gelungen ist, ihre Flugkünste mit aerodynamischen Begriffen zu erklären.

67 **Schwebfliege**
Trotz ihrer akrobatischen Fähigkeiten sind Schwebfliegen wie die hier abgebildete sehr häufige Syrphus ribesii ziemlich leicht zu fotografieren. Sie können zwar in einem Augenblick die Flugrichtung und die Geschwindigkeit ändern, doch im Flugtunnel fliegen sie fast immer langsam und überlegt und gewinnen ihre Freiheit mit dem geringstmöglichen Aufwand.

68 **Schwebfliege beim Start**
Viele Leute werden aus solchen Mehrfachbelichtungen oft nicht schlau – sie stellen dann Fragen wie: „Handelt es sich um verschiedene Insekten?", „Wurde die Aufnahme mit einer Filmkamera gemacht?" oder „Wurde das in der Dunkelkammer einkopiert?" Das Prinzip des Mehrfachblitzes ist einfach. Drei verschiedene Blitzröhren belichten das Foto in kurzem zeitlichen Abstand. Das Zeitintervall zwischen den Blitzen kann genau eingestellt werden. Mit einigen Versuchsbelichtungen kann man den Zeitabstand leicht bestimmen – je länger das Intervall und je schneller die Bewegung, um so weiter sind die Bilder voneinander getrennt. Natürlich muß der Verschluß die ganze Zeit über offen bleiben. Bei dieser Aufnahme leuchteten die Blitze mit einem zeitlichen Abstand von 40 Tausendstel Sekunden auf. Damit alle drei Blitze Platz hatten, mußte die Verschlußzeit bei $\frac{1}{10}$ Sekunde liegen, d. h. 100 Tausendstel Sekunden.
Bei dieser Technik muß der Hintergrund schwarz bleiben. Auch das Licht von der Umgebung muß sehr gering sein, sonst leiden Kontrast und Farbsättigung darunter, oder, was noch schlimmer ist, der Hintergrund wird sichtbar.

69 **Honigbiene über einem Krokus**
Honigbienen sind bei solchen fotografischen Versuchen nicht sehr ausdauernd, und es ist wichtig, Ersatzbienen zur Hand zu haben. Diese Arbeiterin ist mit gelbem Pollen beladen, den sie von einem Krokusbeet in meinem Garten gesammelt hatte. Nachdem sie ihre Arbeit im Flugtunnel beendet hatte, wurde die ermüdete Biene zur Ruhe auf eine Blüte gesetzt, nahm dort Nektar auf und flog dann zurück zum Stock.

70 **Honigbiene am Stock**
Diese Honigbiene ist dabei, nach der Nahrungssuche auf dem Flugbrettchen des Stockes zu landen. Arbeiterinnen leben während des Sommers ungefähr 6 Wochen lang. Zunächst haben sie Innendienst, sorgen sich um die Königin, welche die Eier legt, und pflegen Larven nach dem Ausschlüpfen. Zu ihren Pflichten gehört auch das Saubermachen des Stockes und die Verteidigung gegenüber marodierenden Wespen. Nach ungefähr zwei Wochen übernehmen sie den Außendienst und sammeln draußen Pollen und Nektar.

71 Nächste Doppelseite **Hummel vor einer Distel**
Ähnlich wie Käfer fliegen auch Hummeln z emlich ungeschickt, besonders kurz nach dem Start; sie stoßen oft an Gegenstände und fal en auf den Boden. Dennoch kann man an feuchten, windigen und kalten Tagen beobachten, wie sie mit verbissener Hartnäckigkeit Blüte um Blüte besuchen, während alle anderen Insekten sich schon längst in ihre Schlupfwinkel zurückgezogen haben.
Die abgebildete Arbeiterin hat nicht mehr ange zu leben, denn ihre Flügel sind vom dauernden Gebrauch am Rand schon deutlich ausgefranst.

72, 73 **Gemeine Wespe**
Die Gemeine Wespe (Paravespula vulgaris) stellt die weitestverbreitete und häufigste Erdwespe Europas dar; sie kommt auch in Nordamerika und eingeführt sogar in Neuseeland vor. Die Tiere bauen ihr großes rundes Papiernest im Boden, in hohlen Bäumen oder in Scheunen. Wespen haben viel kürzere Mundwerkzeuge als Bienen und können Nektar nur von flachen Blüten saugen. Säfte abgefallener Früchte wie dieses Apfels bilden für sie jedoch eine ideale Nahrungsquelle.

74 **Feldwespe**
Wespen sind gute Flieger und leisten im Flugtunnel auch rechte Arbeit. Trotz ihres aggressiven Aussehens erweisen sich die meisten Feldwespen als gutmütig; sie stechen nur, wenn man sie dazu provoziert. Die abgebildete Art (Polistes annularis) aus den Everglades in Florida belästigte ich mindestens eine Stunde lang, und doch griff mich das Tier nicht an. Die Feldwespen bauen papierähnliche Nester aus gekauten Holzsplittern.

75 **Grabwespe**
Die Grabwespen leben im Gegensatz zu den Faltenwespen einzeln. Das Weibchen gräbt ein Nest im Boden und fliegt dann langsam hin und her auf der Suche nach Spinnen, mit denen sie die zukünftigen Larven füttert. Die Spinnen werden erst mit einem Stich gelähmt und dann getötet. Das eingespritzte Gift bewirkt, daß das Beutetier einige Wochen lang nicht verwest. Die Larven erhalten also frisches Protein und wachsen schnell heran. Die abgebildete Form nennt der Wissenschaftler Sceliphron caementarium.

76 **Schlupfwespe**
In einer Milliarde Jahren, wenn es auf der Erde vielleicht kein Leben mehr gibt, wird dieses Bild einer Schlupfwespe immer noch im Weltraum reisen. Das Center for Radiophysics and Space Research an der Cornell University hat dieses Foto nämlich dazu ausersehen, an Bord der Voyager aufgenommen zu werden. Dieses Raumschiff ist der erste Versuch des Menschen, sich selbst möglichen anderen Zivilisationen im Weltall darzustellen. Warum aber gerade dieses Bild der Schlupfwespe Ophion luteus ausgewählt wurde, bleibt mir unerklärlich.

77 **Springspinne**
Schon immer hatte ich eine Vorliebe für Springspinnen. Diese zarten Kreaturen mit ihrem schlanken Körper sind dauernd auf der Suche nach kleinen Insekten. Hat die Spinne ein Beutetier mit ihren außerordentlich scharfen, nach vorne gerichteten Augen entdeckt, so nähert sie sich ihm bis auf wenige Zentimeter. Dann springt sie die Beute an und senkt ihre Giftklauen in das Fleisch des Opfers.
Der außerordentlich schnelle Sprung wird nicht durch Muskelkraft, sondern durch hydraulische Wirkung in den Beinen erzielt. Vor dem Sprung befestigt die Spinne einen Seidenfaden am Startpunkt. Wenn sie sich ins Leere stürzt, bleibt sie immerhin durch diesen Seidenfaden noch mit einer festen Unterlage verbunden.

78 **Schnellkäfer**
Dieser merkwürdige Käfer aus dem venezolanischen Dschungel erstaunt mögliche Feinde nicht nur dadurch, daß er sich mit einem lauten Klick 10–15 cm in die Luft schleudern kann, sondern er erzeugt auch am Vorder- und Hinterende des Körpers ein gelblichgrünes Licht. In der Nacht fliegen diese Tiere brummend in der Luft und blinken mit ihren Leuchtorganen, was auf den, der es zum erstenmal sieht, einen unvergeßlichen Eindruck macht.
Man erzählt sich, daß ein Arzt während des Bau des Panamakanals eine Notoperation unter der Beleuchtung einiger dieser Käfer durchführte, weil alle anderen Lichtquellen ausgefallen waren.

79 **Blaumeise** Diese Blaumeise hatte ihr Nest in einem verfallenen Kamin aus dem 16. Jahrhundert im Garten meines Nachbarn gebaut, nicht weit von der trennenden Hecke entfernt.

# Vögel

Meine ersten Schritte auf dem Gebiet der Vogelfotografie waren sehr aufregend gewesen. Eines heißen Junitages, als ich 14 Jahre alt war, dachte mein Vater meine Forschernatur zu befriedigen, indem er mich in ein Tarnzelt mitten in einem Bach mitnahm. Es lag vor dem Nesteingang eines Eisvogels. Ich sollte mich ruhig verhalten und darauf warten, daß der Vogel auf einem Baumstumpf knapp einen Meter von meinen Augen entfernt landete. Dann sollte ich einen Knopf drücken. Im Versteck hockend, wartete ich voll Eifer auf meine Beute neben einer veralteten Plattenkamera, die auf ein schweres Stativ montiert war.

Nach einer Viertelstunde kam der glänzend blaue Vogel in mein Gesichtsfeld, und ich drückte aufgeregt auf den Auslöser. Das Bild war völlig verschwommen, doch reichte das Experiment aus, um mein Interesse zu wecken. Jahre später verbrachte ich an derselben Stelle viel mehr Junitage, um diese liebenswerten Vögel im Flug aufzunehmen (Seite 108–109).

Auf dem Gebiet der Kurzzeitfotografie von Vögeln gibt es kaum etwas Neues. Eric Hosking und andere fotografierten in den 50er Jahren fliegende Vögel und verwendeten dazu frühe Hochspannungs-Blitzgeräte. Obwohl sie mit Schwarzweißfilmen arbeiteten, beeindruckten ihre Bilder doch in jeder Hinsicht. Die Leuchtzeit von $\frac{1}{5000}$ Sekunde reichte aus, um die Flügelbewegungen der Vögel einzufrieren, mit Ausnahme allerdings der kleinsten.

Während man fliegende Insekten am besten im Studio aufnimmt, sollte man Vögel in der freien Natur fotografieren. Denn es wäre ein tadelnswertes Verhalten, Vögel einzufangen und ihr Brutgeschäft zu stören, nur um sie unter kontrollierten Bedingungen aufzunehmen. Es ist auch kein Vergnügen, mit einem zu Tode erschreckten Vogel zu arbeiten, der einzig und allein daran denkt, wie er die Freiheit wiedererlangt.

Wenn der Fotograf im Studio sich mit Insekten beschäftigt, dann baut er sein Bild auf, indem er im Vordergrund und Hintergrund Pflanzen arrangiert. Er kann alle Bildelemente kontrollieren – die Fotografie wird im wahrsten Sinne des Wortes komponiert. Bei der Vogelfotografie setzt die Natur das Bild zusammen, und wir können dabei nur etwas helfend eingreifen. Der Fotograf kann den Ausschnitt und die Beleuchtung wählen, doch an der Vegetation des Ausschnittes kann er nur geringe Änderungen anbringen. Wesentlich ist die Wahl des Standortes; ich verwerfe zahllose Nester, bevor ich mich für eines entscheide, das mir die Arbeit möglichst leicht macht.

Fliegende Vögel fotografiert man am besten beim Anflug oder Abflug vom Nest und ihren Jungen. Man kann sie auch mit Ködern anlocken. In jedem Falle bevorzugen sie regelmäßige Flugrouten. Da die Fluggeschwindigkeit und die Flugwege viel gleichmäßiger sind als bei den Insekten, brauchen wir keine sich besonders schnell öffnenden Verschlüsse. Allerdings können Vögel in $\frac{1}{10}$ Sekunde eine beträchtliche Strecke zurücklegen . Diese Wegstrecke läßt sich mit ein paar Schwarzweiß- oder Polaroidbildern leicht bestimmen. Der Strahl der Lichtschranke läßt sich dann zum Ausgleich dafür richtig einstellen. Da der Abbildungsmaßstab viel geringer ist, macht die Schärfentiefe auch viel weniger Schwierigkeiten als bei den Insekten.

Die besten Verschlüsse für die Vogelfotografie sind ohne Zweifel Zentralverschlüsse vom Compur-Typ. Abgesehen von der kürzeren Verschlußzeit lassen sich Zentralverschlüsse mit Blitzen bis zu einer Verschlußzeit von $\frac{1}{500}$ Sekunde synchronisieren. Der Nachteil von Schlitzverschlüssen besteht darin, daß ihre kürzeste synchronisierbare Verschlußzeit von $\frac{1}{60}$ oder $\frac{1}{125}$ Sekunde sehr geeignet für die Arbeit bei geringer Beleuchtung ist; im hellen Sonnenlicht, das nur schwer zu eliminieren ist, birgt das allerdings erhebliche Risiken. Wenn wir Tageslicht bei relativ langer Verschlußzeit mit Kurzzeitblitzen kombinieren, ergeben sich oft eigenartige Effekte wie Geisterbilder, Lichthöfe oder Streifen. Fotografen, die eine einäugige Kleinbild-Spiegelreflexkamera mit Schlitzverschluß verwenden, können diese Schwierigkeiten umgehen, indem sie

80 Der Teich mit den Netzen und der Kamera. Hier wurden die Aufnahmen der Schwalben der Bilder 104–108 gemacht.

einen Zentralverschluß vor der Frontlinse des Objektivs anbringen und den Schlitzverschluß offen lassen.

Der Hintergrund macht bei Blitzarbeiten in freier Natur oft Probleme. Sofern die Hintergrundvegetation nicht eigens beleuchtet wird, wirkt sie um so düsterer, je weiter sie vom Vogel entfernt ist. Ein schwarzer Hintergrund ist gut für nachtaktive Vögel, für Tagtiere wirkt er unnatürlich. Ich habe Kurzzeitfotografien mit Blitzbeleuchtung bei hellem Sonnenlicht und natürlichem Himmel gesehen, doch halte ich die Ergebnisse für enttäuschend. Entweder wirkt der Hintergrund unterbelichtet und künstlich oder es treten solche Schattenbilder auf wie bereits oben erwähnt, oder es zeigen sich Lichthöfe rund um den Vogel. Eine Lösung wäre, Blätter so zu arrangieren, daß die Umgebung nicht allzu gekünstelt aussieht. Solche Zweige frisch zu halten, kann allerdings im Sommer Kopfzerbrechen bereiten.

Einer der Schlüssel für die erfolgreiche Vogelfotografie ist es, genau vorauszusehen, welchen Flugweg die Tiere nehmen werden. Gelingt dies nicht, so muß man das Tier dazu bringen, die für die Kamera beste Route einzuschlagen. Man kann Tage damit verbringen, seine Ausrüstung zum Beispiel vor einem Turmfalkennest hoch oben in einen Baum aufzustellen, um dann zu bemerken, daß der Flugweg ganz anders verläuft als erwartet oder daß der Vogel ihn aufgrund der Störung durch den Fotografen selber verändert hat. Ganz allgemein gilt: Je kleiner der Vogel, um so weniger läßt er sich stören. Meisen und Zaunkönige akzeptieren Tarnzelte und Blitzlichtreflektoren mit Indifferenz und fliegen bei taktvoller Überredung mehr oder minder dorthin, wo wir sie haben wollen. Ich erinnere mich ganz besonders an ein Zaunkönigpaar, das ich fotografieren wollte, wie es in sein Nest in der Uferbank eines kleines Bächleins wenige Meilen von meinem Haus entfernt flog (Bild 81). Ich begann meine Ausrüstung mit den üblichen Vorsichtsmaßnahmen aufzubauen, merkte aber bald, daß keiner der Vögel auch nur die geringste Notiz von mir nahm – sie verhielten sich so, als ob Fotografen dauernd vor ihrem Nest säßen. Selbst als ich die Lichtquelle in einer Entfernung von ½ m vor der Einschlupföffnung anbrachte, flogen die Tiere fröhlich in ihr Nest. Schließlich verwendete ich überhaupt kein Versteck, sondern stand mit Gummistiefeln im Bach, umgeben von Blitzgeräten und vielen Drähten, und spannte den Verschluß von Aufnahme zu Aufnahme alle paar Minuten. Kurz

81 **Zaunkönig**
Dieser Zaunkönig war so gefällig und kooperativ, daß ich ohne Tarnung arbeiten und meine fotografischen Arbeiten innerhalb eines halben Tages abschließen konnte – ein ungewöhnliches Ereignis.

nach dem Frühstück war ich beim Zaunkönignest angekommen, und zur Mittagszeit hatte ich alles wieder eingepackt und war gegangen.
Nur wenige Vögel verhalten sich allerdings so gefällig wie der Zaunkönig. Eine meiner aufwendigsten Unternehmungen fand in den frühen 70er Jahren statt, kurz nachdem ich den Prototyp der Lichtschranke für Insekten gebaut hatte. Das Projekt war aufwendig und verlangte mehr, als einer allein leisten konnte. So lud ich meinen Freund Andrew Anderson ein, mir einige Wochen zu helfen. Die ganze Unternehmung zeigt deutlich einige Schwierigkeiten und Enttäuschungen, mit denen jeder Fotograf zu kämpfen hat, welcher fliegende Vögel aufnehmen will. Ich hatte einen Hinweis von einem Kirchenvorsteher bekommen, und so hockten wir in einer warmen Sommernacht im Schatten eines Kirchhofs auf dem Lande. Der Mond schien hell auf die Dächer und den Glockenturm. An jedem Giebelende des Kirchendaches stand ein Steinkreuz, und über dem Querschiff erhob sich ein kleiner geschmückter Turm. In weiter Entfernung hörten wir das klagende Bellen einer Foxhoundmeute, gelegentlich unterbrochen vom Laut einer Füchsin. Doch viel näher und über uns vernahmen wir andere Laute – ein unheimliches Zischen und Schnarchen. Plötzlich flog ein geräuschloser weißer Schemen über den Kirchhof und landete auf einem der Kreuze. Nach einer Pause glitt das Tier in den Turm und verschwand in einem kleinen Bogen an der Seite. Das Zischen wurde lauter, und danach erschien das weiße Phantom wieder am Ausgang und flog hinaus in die Dunkelheit. Das Familienleben der Schleiereule war in vollem Gang.
Eulen nehmen eine bevorzugte Stellung im Volks- und Aberglauben ein. Die Schleiereule ruht und nistet in Hohlräumen, in Scheunen und verlassenen Gebäuden. Ihre Vorliebe für Kirchtürme und Ruinen, ihre nächtliche Lebensweise, der geräuschlose Flug und das phantomartige Auftreten, die merkwürdigen zischenden, schnarchenden Laute, die uns gelegentlich den kalten Schauder über den Rücken herabrinnen lassen, haben die Schleiereule zu einem Unglücksverkünder gemacht. Eulen und Käuze spielen in Geistergeschichten und in Erzählungen von unnatürlichen Vorkommnissen eine wichtige Rolle. Andrew und ich hatten hier die ideale Stelle gefunden. Das Bild würde nicht nur die Schleiereule, sondern auch die ganze Atmosphäre rundherum einfangen.
Am nächsten Morgen erhielten wir die freundliche Erlaubnis des Geistlichen, seine prächtige Kirche mit unseren Tarnzelten, Leitern, Planken und Seilen für einige Wochen zu verunstalten. Ausgerüstet mit einer Erlaubnis der Nature Conservancy, der Naturschutz-Behörde, diesen nunmehr seltenen Vogel fotografieren zu dürfen, machten wir uns an die Arbeit.
Das erste Problem war völlig unerwartet. Die Bienen des Kirchenvorstehers hatten tags zuvor geschwärmt und begannen in einem Lüftungsschacht eine Traube zu bilden, genau an der einzigen Stelle, wo wir die Leiter anlehnen konnten, um auf das Dach zu klettern. Andrew wurde furchtbar gestochen, dann besorgten wir uns eine Ausrüstung zur Bekämpfung der Bienen. Wir bauten unser Versteck und die Plattform innerhalb mehrerer Tage, so daß sich die Elternvögel an die Veränderung in ihrer nächsten Umgebung gewöhnen konnten.
Die Beleuchtung kann ein Bild retten oder ruinieren. Eines der Geheimnisse der Tierfotografie mit Hilfe von Blitzlicht besteht darin, die Beleuchtung so anzuordnen, daß man meint, das Bild sei mit Tageslicht – oder, in diesem Fall, Mondlicht – aufgenommen worden. Es gilt, das verräterische Flache und Unbelebte vieler Blitzaufnahmen zu vermeiden. Die Beleuchtung unserer Szene würde schwierig werden, denn nicht nur die Eule und der Turm sollten Umrisse und Form zeigen, sondern wir wollten auch einen spukartigen Mondlichteffekt erzeugen. Wir bauten uns also einen Miniaturturm aus Karton und verwendeten kleine punktförmige

82 Das Tarnzelt auf einem Gestell neben dem Turmfalkennest, das sich in 6 m Höhe auf einer Esche befindet.

83 Das Unternehmen Schleiereule: Der Kirchturm mit der ganzen Apparatur um ihn herum.

Leuchten, um die genaue Stellung der vier Blitzgeräte festzulegen. Unglücklicherweise war meine Kurzzeitausrüstung damals noch nicht entwickelt, und so konnten wir nur eine alte, schon recht hinfällige kommerzielle Hochspannungsausrüstung verwenden. Die Leuchtdauer von $\frac{1}{5000}$ Sekunde war schnell genug für Eulen, doch die beiden Geräte, die wir zur Verfügung hatten, waren völlig inkompatibel. Es machte uns einige Schwierigkeiten, beide zusammen zum Funktionieren zu bringen, denn wenn wir sie zusammenschalteten, zeigten sie eine besorgniserregende und teuere Tendenz, die Synchrokontakte durchbrennen zu lassen. Schließlich meisterten wir diese Schwierigkeit. Ein weiterer Nachteil dieser Blitzausrüstung: sie brauchte eine 12 V-Autobatterie, damit sie dauernd in Betrieb sein konnte, und wir mußten diese jeden Tag auf das Kirchendach hieven und wieder herunterholen.

Der achteckige Turm hatte auf jeder Seite einen gotischen Bogen, wobei die Eulen jeden von ihnen als Flugloch verwenden konnten. Wir wollten aber, daß sie nur einen benutzten, damit sie den Lichtstrahl an der richtigen Stelle kreuzten. Wir schnitten also Bretter von der Größe der Bogen zurecht, malten sie schwarz an und brachten jeden Tag eines an. Die Eulen akzeptierten das, bis sie schließlich nach dem Verschluß des siebenten Loches nur noch das letzte zur Verfügung hatten. Diese Bretter und nachher die Blitzausrüstung anzubringen, erwies sich als ziemlich knifflig. Andrew war schindelfrei. Er konnte auf der letzten Sprosse einer wackligen Leiter stehen, sich am oft losen Mauerwerk festhalten und sich ganz ausstrecken, um alles in die richtige Lage zu rücken.

Nach zehntägiger Vorbereitung waren wir bereit, um mit den Aufnahmen zu beginnen – so glaubten wir mindestens. Jedesmal, als wir alles aufgestellt hatten, kam es aber zu einem völligen Zusammenbruch – der Lichtstrahl und die Photozelle waren die Hauptschuldigen. Wir versuchten darauf sogar, beim Herannahen der Eulen den Verschluß und den Blitz von Hand auszulösen. Auf diese Weise erhielten wir schließlich eine Fotografie. Nach der Entwicklung zeigte es sich aber, daß das Bild verschwommen war. Der Film hatte nicht flach in der Kassette gelegen, die ihren Dienst viele Jahre klaglos versehen hatte. Wir hielten uns zwar keineswegs für abergläubisch, doch irgendetwas schien gegen uns zu arbeiten. Selbst die Bienen im Lüftungsschacht machten den Anschein, als ob sie uns an unserem Vorhaben hätten hindern wollen. Eine Zeitlang reagierte die photoelektrische Lichtschranke jedesmal, wenn wir die Blitzausrüstung einschalteten. Die beiden Stromversorgungen waren aber völlig unabhängig voneinander und standen einige Meter voneinander entfernt. Es war so, wie wenn man das Licht im Badezimmer anknipste und im gleichen Augenblick in der Dusche das Wasser zu laufen begänne. Zwei Tage später hatten wir den mysteriösen Fehler behoben, und alles schien perfekt zu funktionieren. Wir bauten alles auf und gingen etwas essen, voll Vertrauen, daß diese Nacht das

84 **Schleiereule**
Wie ich dieses Bild nach dreiwöchigen Bemühungen erhielt, ist im Text beschrieben. Meine ganze fotografische Ausrüstung bestand damals in einer veralteten Hochspannungs-Blitzausrüstung mit einer Leuchtzeit von $^{1}/_{5000}$ Sekunde – wenig für Kurzzeitaufnahmen, aber immerhin schnell genug für Eulen. Überdies war die Leuchtstärke gering und auch unregelmäßig verteilt. Da der ganze Turm beleuchtet werden mußte, war es nötig, daß zwei der drei Blitzröhren mindestens in einem Abstand von 3 m standen. Um eine genügende Beleuchtung auf einem Kodachrome-2-Film zu erhalten, mußte ich das 50-mm-Normalobjektiv bis zu Blende 2,8 aufmachen. Sogar mit Schwarzweißfilm in der Großbildkamera betrug die Blende nur 5,6.

Fotografieren beginnen könne. Als wir zwei Stunden später zurückkehrten, war die ganze Lichtschranke kaputt. Andrew entschloß sich, im Versteck zu bleiben und ein weiteres Bild von Hand zu schießen, während ich mit dem Verstärker nach Hause fuhr, um den Fehler herauszufinden. Schließlich kehrte ich um ½ 3 Uhr zurück und baute den Verstärker wieder ein. Da begann das ganze System von selbst zu arbeiten. Die Blitze schossen, ohne daß eine Eule in Sicht war. Als wir den Film am nächsten Tag entwickelten, waren wir etwas erleichtert, daß eine Fledermaus ein Bild und Nachtfalter die übrigen Bilder ausgelöst hatten. Jedenfalls waren es keine Poltergeister gewesen.

In der Nacht darauf besuchten die Eulen ihr Nest mehrere Male, aber das System funktionierte wieder nicht. Bei diesem Stand der Dinge waren wir doch recht niedergeschlagen, und die Tatsache, daß keiner von uns beiden in den vergangenen zwei Wochen viel geschlafen hatte, verbesserte unsere Stimmung nicht. Dennoch waren wir entschlossen, uns nicht unterkriegen zu lassen.

In der folgenden Nacht, um ½ 1 Uhr, verwandelte sich unsere Mutlosigkeit in Verzweiflung, denn keiner von uns hatte die Spur eines Elternvogels entdeckt, während sie in der vorigen Nacht doch häufig kamen und gingen. Das Wetter war gut, und wir hatten uns immer gegenseitig zum Versteck begleitet. Wenn die Eulen nämlich – das gilt auch für Rabenvögel – einen von uns zurückkommen sahen, meinten sie, das Versteck sei unbesetzt, und fühlten sich ungestört. Es war zwar nur ein Jungtier da, das natürlich weniger Futter brauchte als eine größere Kinderschar. Aber als wir die Eltern nicht einmal um die Kirchtürme herumfliegen sahen, waren wir doch aufs äußerste besorgt. Wir kletterten vom Dach, ließen unser System aber eingeschaltet. Bei solchen Gelegenheiten beginnt der Vogelfotograf, sich selber Vorwürfe zu machen, obwohl er wahrscheinlich keinerlei Schuld trägt. So viel Zeit und Anstrengung zu investieren und kein einziges Bild zu erhalten, ist Pech, die Vögel aber nachhaltig zu stören oder gar zu schädigen, ist unverzeihlich.

Wir erwogen gerade, mit all unserem Krimskrams abzuziehen in der Hoffnung, die Situation auf diese Weise noch retten zu können. Da sahen wir beide gleichzeitig, wie eine Eule langsam über die Kirche glitt. Einige Sekunden später hatte sie sich auf einem der Steinkreuze niedergelassen, faltete die Flügel und nahm eine tote Ratte vom Schnabel in die Fänge. Wir hatten uns übrigens dazu entschlossen, die Lichtschranke erst dann einzuschalten, wenn wir die Eule in der Nähe sehen konnten, sonst hätte eine Fledermaus oder ein Nachtfalter den Strahl sehr schnell passiert, den Blitz und die Kamera ausgelöst und alle Chancen auf ein Eulenfoto zunichte gemacht. Wir saßen nun schon seit zehn Minuten im Auto und beobachteten mit zunehmender Spannung die Eule. Würde sie oder nur eine unbedeutende Motte den Lichtstrahl als erste unterbrechen?

Der majestätische Vogel musterte ruhig sein Territorium, was für unser Empfinden Minuten dauerte. Dann nahm er die Beute in den Schnabel und glitt zu einem weiteren Kreuz oberhalb des Chores. Noch einmal nahm er die Beute in die Fänge und wartete. Die Spannung wurde unerträglich. Schließlich packte die Schleiereule ihre Beute am Nacken und wandte sich langsam zum Turm. Sie zögerte einen Augenblick und stürzte sich dann mit halb geöffneten Schwingen in die Luft. Im Bruchteil einer Sekunde waren Eule und Turm in ein gleißendes Licht getaucht, dann war wieder alles dunkel. Der Vogel verschwand im gotischen Bogen und wurde mit freudigem Zischen begrüßt. Wir atmeten auf – unser erstes Bild war gelungen.

Das Unternehmen Schleiereule war schließlich doch ein Erfolg geworden. Wir beide hatten dem Projekt je drei Wochen geopfert, Tag und Nacht. Schließlich konnten wir einige Filme vorweisen, und das ganze Experiment war am Ende doch der Mühe wert gewesen.

85 **Haussperling**
Ich muß zugeben, daß der Haussperling nicht einer meiner Lieblingsvögel ist. Trotz ihrer scheinbaren Bindung an den Menschen und an dessen Lebensräume werden diese Vögel sehr mißtrauisch und schlau, sobald sie merken, daß das Interesse ihren Aktivitäten gilt. Glücklicherweise gelang es mir doch, den abgebildeten Vogel zu überlisten.

86 **Feldsperling**
Ein Feldsperling mitten im Flug, einen Sekundenbruchteil bevor er in das Nest innerhalb des alten Gemäuers schlüpft und dort seine hungrigen Jungen füttert.

87–89 **Kohlmeise und Blaumeise**
Es gibt keine einfachere Methode, Vögel zu einer ganz bestimmten Stelle hin anzulocken, als ein Futterhäuschen. Wenn man dessen Lage und das Futter strategisch richtig plaziert, kann man Meisen dazu bringen, genau an bestimmten Stellen vorbeizufliegen. In der Tat war das Hauptproblem hier, sie fernzuhalten, denn ein Futterhäuschen kann im Winter so attraktiv werden, daß der Fotograf Mühe hat, einen einzelnen Vogel aufs Bild zu bekommen. Bild 87 zeigt eine Kohlmeise, Bild 88 eine Kohlmeise und eine Blaumeise und Bild 89 eine Blaumeise allein.

90, 91 **Tannenmeise**
Die einzigen geglückten Bilder, die ich während einer kürzlich durchgeführten Reise nach Wales heimbrachte, zeigten eine Tannenmeise. Dieses Tier hätte ich geradesogut in meinem eigenen Garten aufnehmen können. Die Aufnahmen machten mir allerdings nur geringe Mühen, denn das Nest war leicht zugänglich, und die Elternvögel verhielten sich zuvorkommend, ja fast gesellig – auf dem einen Bild sieht es aus, als wollte der Vogel zu mir in mein Tarnzelt fliegen.

92 **Grauschnäpper**
Dieser Vogel wurde in einigem Abstand von seinem Nest aufgenommen. Er fliegt noch verhältnismäßig rasch und beginnt gerade, seine Fluggeschwindigkeit zu verlangsamen, wie uns der Anstellwinkel seines Körpers verrät.

93, 94 **Eisvogel**
Von den zahllosen Stunden, die ich in Verstecken verbrachte, haben mir die vor Eisvogelnestern immer größtes Vergnügen bereitet. In diesem Fall lag die Einschlupföffnung 2,5 m über dem Niveau eines sprudelnden, flachen Baches.
Die Plattform mit dem Versteck befand sich ungefähr 45 cm oberhalb der Wasserfläche, in einer Stellung, die mir den Blick bachaufwärts gestattete. Dort konnte ich den Vogel im rechten Winkel zur Flugrichtung fotografieren.
Von meinem Tarnzelt aus beobachtete ich, wie diese attraktiven Vögel ein- und ausflogen. Ich hörte ihre schrillen Schreie, wenn sie pfeilschnell vor- und rückwärts flogen, und sah, wie sie sich in einen benachbarten Weiher stürzten auf der Suche nach Stichlingen als Futter für ihre Jungen.

95 **Buntspecht**
Die Nestöffnung dieses Buntspechtes war der hellen Junisonne ausgesetzt, und obwohl ich einen Zentralverschluß bei 1/500 Sekunde verwendete, gelang es mir nicht, die Wirkung des natürlichen Lichts ganz auszuschalten, wie aufmerksame Betrachter wohl feststellen werden.

96 **Waldbaumläufer**
Dieser Vogel nistete in einem baufälligen und nicht mehr genutzten Schuppen gleich neben einem Fasanengehege. Um an die Ecke zu gelangen, in der der Vogel sein Nest hatte, mußte ich mein Versteck auf einer niedrigen Plattform einrichten. Die Elternvögel verhielten sich sehr zuvorkommend und hatten anscheinend gegen meine Tätigkeit nichts einzuwenden.

97–99 **Star**
Ein anstrengender langer Marsch durch einen Sumpf war nötig, um zu diesem Starennest zu gelangen. Es lag in einem rotfaulen Weidenbaum, 3½ m über dem Boden. Um zu verhindern, daß der Hintergrund schwarz wurde, und um Geisterbilder zu vermeiden, verwendete ich einen Hintergrundkarton.
Die drei Bilder sind vom aerodynamischen Standpunkt sehr lehrreich, da sie verschiedene Phasen des Vogelfluges zeigen, darunter die Propellerwirkung der Flügelspitze, das Abbremsen und den Einsatz des Afterflügels oder Daumenfittichs (Alula).

100 **Hohltaube**
Da die Eltern ihr Nest nur wenige Male besuchten, konnte ich hier eine Kamera mit Motorantrieb einsetzen. Tauben sind in den meisten Fällen scheue mißtrauische Vögel, die den Fotografen keineswegs freundlich empfangen. Deswegen nahm ich mir zehn Tage Zeit, um das Versteck und die Blitzgeräte aufzustellen. Nach dem Ausrichten und Einstellen funktionierte die Apparatur gut, und ich konnte sie automatisch arbeiten lassen.

101 **Rauchschwalben am Nest**
Die Elternvögel hatten ihr Nest in einem alten Eisenbahnwagen gewählt, der als Schuppen für Weideschweine diente und mitten in einem Feld stand. Ich verwendete hier dieselbe archaische Hochspannungsblitzausrüstung wie bei den Aufnahmen der Schleiereule am Kirchturm. Einmal kam es vor, daß die Spannung durchschlug und die ganze Ausrüstung, auch die Kamera, unter Strom setzten. Sicherheit war denn auch der erste Gesichtspunkt bei der Planung und Konstruktion meiner späteren Blitzausrüstung.

102, 103 **Rauchschwalben beim Flug durch Stalltürritzen**
Es fasziniert immer wieder, Schwalben zuzusehen, die durch enge Spalten wie in dieser Stalltür fliegen – eine klare Aufgabe für den Kurzzeitfotografen. Ich fand heraus, daß die Rauchschwalben durch Spalten flogen, die weniger als 4 cm maßen. Sie mußten dabei ihre Flügel und die Beine eng dem Körper anlegen und wie ein Geschoß hindurchtauchen.

104–108 **Mehlschwalben beim Bad und beim Trinken** (auch nächste Doppelseite)
Nach einem weiten Umgang in unserem Garten in Sussex pflegte ich oft den Rauchschwalben zuzusehen, wie sie in den Fischteich untertauchten. Bisweilen schienen sie die Wasseroberfläche nur mit ihren Schnäbeln zu ritzen, doch gelegentlich schlugen sie mit einem beeindruckenden Spritzer auf das Wasser. Was taten sie da? Tranken sie, nahmen sie ein Bad oder jagten sie vielleicht Insekten? Die Kurzzeitfotografie konnte mir die Antwort geben, doch mir war klar, daß ein solches Unternehmen keineswegs einfach war und Wochen oder sogar Monate in Anspruch nehmen konnte.
Ohne die Tiere zu erschrecken, mußte ich sie dazu bringen, an einer Stelle auf das Wasser zu treffen, auf die meine Kamera eingestellt war. Das war etwas völlig anderes, als Vögel an ihren Nestern zu fotografieren, denn die Schwalben mußten ja keineswegs diesen ganz bestimmten Abschnitt des Gewässers benutzen. Zunächst legte ich über dem größten Teil des Teiches Netze aus, um die Badestelle auf ein ganz kleines Gebiet zu beschränken (siehe Bild auf Seite 94). Ich ging langsam vor, so daß sich die Vögel über einige Wochen hinweg daran gewöhnen konnten. Dann stellte ich, wiederum über einige Tage hinweg, die elektronische und fotografische Ausrüstung auf. Ich mußte die Öffnungsverzögerung des Verschlusses kompensieren (ungefähr 1/20 Sekunde bei verriegeltem Spiegel), und so stellte ich die Kamera ungefähr 25 cm vor die Ebene der Lichtschranke scharf ein. Bevor ich mit dem Fotografieren beginnen konnte, mußte ich die laute Motorkamera mit einem schalldichten Blimp zum Schweigen bringen. Es gab aber keine Möglichkeit, das Geräusch der Blitzentladung zu dämpfen. Glücklicherweise wurde es von den Vögeln akzeptiert.
Nach ein oder zwei Wochen, die mit Testaufnahmen und mit weiteren Abstimmungen ausgefüllt waren, funktionierte alles bestens, und nun konnte ich sehen, was wirklich vor sich ging. Bisweilen näherten sich die Vögel dem Fischteich in einem sehr geringen Winkel, segelten elegant über die Wasseroberfläche und „schaufelten" Wasser in den geöffneten eingetauchten Schnabel (siehe nächste Doppelseite) Oft nahmen die Tiere anscheinend zuviel auf und spritzten den Überschuß wieder aus. Gelegentlich erfolgte der Anflug viel steiler, und die Schwalbe stürzte sich mit angezogenen Flügeln in einem Winkel von 45 Grad ins Wasser und nahm ein Bad. Eine Sekunde später tauchte die Schwalbe aufgeregt planschend wieder auf.

109 **Mehlschwalbe**
Die Nester der Mehlschwalben liegen im allgemeinen unzugänglich hoch oben unter den Traufen. Dieses Paar wählte aber freundlicherweise einen Bungalow aus, und so hatte ich keine Mühe, meine Ausrüstung richtig aufzustellen.

110 **Schleiereule**
Diese Aufnahme nahm ich fünf Jahre nach der Fotografie der Schleiereule am Kirchturm (Bild 84) in der Nähe von Salisbury auf. Die elektronische Ausrüstung war natürlich um einiges besser geworden. Ich verwendete eine Kamera mit Motorantrieb und brauchte deswegen nicht die ganze Nacht im Versteck zu verbringen. Das kam mir sehr zupaß, denn in dreien jener Nächte wüteten Gewitter mit starken Regenfällen. Glücklicherweise ist meine Ausrüstung nahezu unempfindlich gegenüber Witterungseinflüssen.

111 **Steinkauz**
Diese mehrfach belichtete Aufnahme zeigt, wie die Vögel ihren Flug vor der Landung abbremsen. Der Anstellwinkel des Körpers nimmt in dieser Zeit zu, der Schwanz dient als Bremse, und auch die Flügelbewegungen verändern sich. Verhältnismäßig große Tiere wie Vögel sind mit Mehrfachblitzen nicht einfach zu beleuchten, da meine jetzige Ausrüstung den Einsatz von nur einem Blitzgerät pro Abbildung innerhalb des Bildes vorsieht.

112 **Kolibri**
Amerikas bestes Geschenk an die Vogelwelt ist die Familie der zauberhaften Kolibris. Mit ihren schillernden Farben, der geringen Körpergröße und ihrem außergewöhnlichen Flugvermögen bilden sie eine Gruppe für sich. Die Flügel sind darauf ausgelegt, die größtmögliche Leistung zu erbringen. Der Oberarm ist verhältnismäßig kurz, und der Flügel wird zur Hauptsache von den verlängerten Knochen des Handgelenks und der Hand gestützt. Der Schultergürtel zeigt eine außergewöhnliche Beweglichkeit und erlaubt es dem Vogel, den Anstellwinkel beim Vorwärts- wie beim Rückwärtsschlag zu regeln. Überdies sind die Flugmuskeln des Kolibris im Verhältnis gesehen viel kräftiger als die anderer Vögel. Alle diese Merkmale ermöglichen zusammen mit der geringen Körpergröße den atemberaubenden Flug dieser Tiere.

# Amphibien und Reptilien

Die Kurzzeitfotografie von Reptilien und Amphibien ist aus verständlichen Gründen ziemlich beschränkt. Einige Echsen, Schlangen oder Frösche wandern im gemütlichen Tempo auf Beutesuche umher, während andere den größten Teil ihres Lebens fast unbeweglich damit verbringen, auf unglückselige Kreaturen zu warten, die in Reichweite des Räubers gelangen. Doch einmal aufgeweckt, können sich viele Reptilien und Amphibien blitzschnell bewegen. In diesen Augenblicken kann die Kurzzeitbelichtung ihr Bestes geben – springende Frösche, Chamäleons beim Beutefang mit der Zunge und zuschnappende Schlangen sind alles sehr dankbare Objekte.

Wie Insekten nimmt man Reptilien und Amphibien am besten unter kontrollierten Bedingungen auf – der Fotograf schreckt zurück vor dem Gedanken, eine zuschlagende Klapperschlange in freier Natur aufnehmen zu müssen. Kaltblütler betreiben selten Brutpflege und neigen weniger zu panischem Schrecken wie Vögel. Eine kurze Gefangenschaft richtet kaum Schaden an. Das Tier aber dazu zu bringen, sich vor der Kamera auch zu produzieren, das ist etwas anderes. Reptilien brauchen Wärme für ihre Aktivität, und manche werden bei Kälte so lethargisch, daß sie sich am Ende kaum mehr bewegen. Selbst die giftigsten Schlangen kann man in die Hand nehmen, wenn sie kalt sind.

Chamäleons reagieren besonders empfindlich auf die Bedingungen der Umgebung, wie ich bei einem meiner ersten Aufträge für Oxford Scientific Films selber merkte. Diese britische Gesellschaft beschäftigt sich mit Naturfotografie, und ich bin ihr nahe verbunden. Wir wollten die verschiedenen Phasen des Beutefangverhaltens aufnehmen, und dazu erhielt ich einen Raum in einem etwas dunklen Studio. Ich besorgte die richtige Unterlage für das Chamäleon und eine Blüte für die Fliegen, brachte die Blitzgeräte in Stellung, richtete sorgfältig Lichtstrahl und Fotozelle aus, so daß die Zungenspitze des Chamäleons wenige Millimeter vor der Fliege die Kamera auslösen würde. Alles war bereit, das Chamäleon kam auf seinen Ast und die Fliege auf die Blüte. Diese nährte sich zufrieden vom Blütennektar, das Chamäleon nahm vom Beutestück aber keine Notiz, abgesehen daß es die Fliege einmal mit einem seiner unabhängig voneinander beweglichen Augen müde streifte. Ich versuchte alles: viel Wärme, Licht und besonders saftige Fliegen, doch ohne Erfolg. Nach zwei vertanen Tagen fuhr ich mit dem Chamäleon heim ins Wochenende.

Der nächste Tag war sehr sonnig, ich war optimistisch gestimmt und entschied mich für einen weiteren Versuch. Dieses Mal baute ich alles im Speisezimmer auf, nahe an den nach Süden gerichteten Glastüren, die zum Garten führten. Ob es die Sonne oder das saftige Grün von Sussex war, weiß ich nicht. Jedenfalls benahm sich das Chamäleon vorbildlich und verschlang die Fliegen gleich dutzendweise.

Es war einer meiner haarsträubendsten Aufträge, eine Giftschlange beim Biß aufzunehmen. Auch das versuchten wir nicht in der freien Natur, sondern in den Studios von Oxford Scientific Films. Ich brauchte dafür drei Wochen und machte Versuche mit einer Kreuzotter, zwei Puffottern und einigen Klapperschlangen. Ein Wildpark in der Umgebung lieh mir die Puffottern, doch ganz im Gegensatz zu meiner Erwartung versuchten sie nicht zuzuschlagen, und ich gab sie zurück. Auch die Kreuzotter war nicht zu gebrauchen. Nach einigem Herumtelefonieren gelangte ich an einen Giftschlangenhändler und wählte eine besonders bösartig dreinschauende Klapperschlange aus. Ich baute einen schlangensicheren Käfig, füllte ihn mit mehreren Schubkarrenladungen Sand und brachte alle elektronischen und fotografischen Apparate an. In der Theorie wollte ich die Schlange genau am richtigen Fleck zum Zubeißen bewegen. Sie sollte einen 2 mm breiten Lichtstrahl mit der Nasenspitze unterbrechen, doch nach einigen halbherzigen Versuchen war sie zu nichts mehr zu bewegen.

113 **Frosch beim Sprung aus dem Wasser**
Die explosive Kraft der Hintergliedmaßen eines Frosches wird hier deutlich demonstriert. Der hier abgebildete Leopardfrosch springt von einem Stein unterhalb des Wasserspiegels weg. Dieses Verhalten, durch welches sich die Frösche deutlich von den übrigen Amphibien absetzen, dient hauptsächlich dazu, möglichen Angreifern zu entkommen. Der Frosch braucht nur 1/10 Sekunde bis zur völligen Streckung der Hinterbeine, und der Sprung kann ihn zwölfmal weiter tragen, als er selbst lang ist.
Für diese Fotografie mußte die Fotozelle unter das Wasser verlegt werden.

114 **Exotischer Laubfrosch**
Die Laubfrösche sind in einem besonderen Maß an das Leben auf Bäumen und Sträuchern angepaßt. Ihre Zehen sind zu Haftorganen verbreitert, mit denen sie sich auf nahezu jeder Oberfläche festhalten können, auch an senkrechten Glaswänden. Die meisten Laubfrösche springen sehr gut und fangen ihre Beutetiere im Flug.

115 **Klapperschlange beim Angriff**
Eine tödlich giftige Texas-Klapperschlange zeigt ihr Angriffsverhalten – gegenüber einer menschlichen Hand gerade außerhalb ihrer Reichweite. Auf dem Originalbild kann man erkennen, wie kleine Gifttröpfchen den aufgestellten hohlen Zähnen entfließen.
Dieses Foto mit einer Leuchtdauer von $^1/_{12000}$ Sekunde aufzunehmen, war eine schwierige Aufgabe, denn bei den wenigen Gelegenheiten, da diese Schlange zuschlug, berührte sie nur sehr selten den 2 mm breiten Strahl der Lichtschranke.

Ich wollte aber mein Bild haben und tauschte mein stolzes Exemplar gegen eine eher durchschnittliche Texas-Klapperschlange ein. Um sie zum Zuschlagen zu bewegen, versuchte ich alle möglichen Tricks, doch sie war nur dazu bereit, wenn sich ein Objekt, vorzugsweise eine menschliche Hand, innerhalb ihres kurzen Angriffsbereiches befand. Lag es näher, so erschien es auf dem Bild, lag es weiter weg, so schnaubte die Schlange, klapperte und zischte, schlug jedoch selten zu. Wenn es aber einmal dazu kam, dann so unerwartet und mit einer derartigen Geschwindigkeit, daß der Adrenalinspiegel blitzschnell nach oben schoß, aber nicht die Kamera!
Ein Teil der täglichen Routine bestand darin, das Tier mit einer Schlangenzange zu fangen und vom Fotostudio in den Schlafraum in einem anderen Teil des Gebäudes zu bringen – ein furchteinflößendes Unternehmen für uns, die wir an Schlangen nicht gewöhnt waren. Bei meinen Versuchen entkam mir das Tier mehrmals. Eine springlebendige und recht gefährliche Giftschlange aus einer aufgerollten Schlauchleitung in einer dunklen Ecke hervorzuklauben, konzentriert den Geist auf wunderbare Weise auf das Wesentliche.

116, 117 **Grasfrosch**
Frösche verbringen nicht ihre ganze Zeit im Wasser; oft sitzen sie auf einer Bank im Weiher oder im Bach. Sobald sie aber Gefahr wittern, stürzen sie sich kopfüber ins Wasser, das für sie verhältnismäßig sicher ist und in dem sie besser entkommen können.

118, 119 **Leopardfrosch beim Sprung**
Der Leopardfrosch ist die häufigste Froschart Nordamerikas. Dieses Exemplar entschied sich, einer möglichen Gefahr zu entkommen und sprang ins Wasser. Die beiden Aufnahmen wurden als Titelbilder für ein Buch über das Leben im Weiher aufgenommen, das die Gesellschaft Oxford Scientific Films veröffentlichte.

120 **Wasserfrosch**
Wenn Frösche wegspringen, ziehen sie ihre Glotzaugen ein, wahrscheinlich um sie gegen Beschädigungen zu schützen, und nicht, um ihre Stromlinienform zu verbessern. Der hier abgebildete Grasfrosch wurde mitten im Sprung aufgenommen.

121–123 **Chamäleon auf Beutefang**
Das Chamäleon kann seine Zunge bis über 20 cm weit herausstrecken. Es handelt sich nicht um eine muskuläre Struktur, sondern sie streckt sich durch schnelles Einschießen von Blut. Die Spitze ist sehr klebrig und hält das Beutetier im allgemeinen fest.
Die bekannteste, sprichwörtlich gewordene Eigenschaft des Chamäleons fasziniert den Beobachter in besonderem Maße: Es kann innerhalb von Sekunden, nachdem es eine Beute entdeckt hat, Farbe und Muster verändern.

124 **Chamäleon beim Beutefang**
Obwohl das Chamäleon seine Beute im allgemeinen mit der klebrigen Zungenspitze festhält, gelang es diesem Schmetterling doch, einen weiteren Tag zu erleben, denn seine Flügelschuppen lösten sich leicht ab und verklebten die Spitze der Zunge. Der Falter konnte schließlich entfliehen.

125 **Kurzschwanz-Blattnase** Ein Exemplar der Art (Carollia), die in der Neuen Welt häufig auftritt, schickt sich gerade an, Wasser oder verdünnten Blütennektar von einer Paradiesblume zu trinken.

# *Fledermäuse*

Nachdem ich soviel Zeit und Mühe auf Insekten und Vögel verwendet hatte, war es nur natürlich, die Aufmerksamkeit auf die dritte Gruppe flugfähiger Tiere zu richten, die Fledermäuse. Ich war seit jeher fasziniert von diesen zu Unrecht übelbeleumdeten Kreaturen, weil sie auch bei völliger Dunkelheit mit höchst raffinierter Technik ihren Weg finden und über außergewöhnliche Fangmethoden verfügen.

Viele Fledermausarten haben einen unglaublich komplizierten Ultraschallradar entwickelt, der ihnen mehr Informationen über die Umgebung liefert, als wir mit den Augen wahrnehmen können. Abgesehen davon, daß sie die Größe, die Form, den Abstand und die Oberflächenstruktur eines Objekts „hören" können, sind sie auch imstande, dessen Bewegungsrichtung und relative Geschwindigkeit festzustellen. Einige Fledermäuse haben es so weit gebracht, daß sie Insekten, die auf Blättern und Zweigen sitzen, entdecken. Mit den Echos ihrer Ultraschallschreie differenzieren sie zwischen Insekt und Hintergrund. Andere nehmen Fische akustisch wahr, indem sie die leichten Wellen an der Wasseroberfläche „sehen". Erst jetzt dringen die Wissenschaftler zu den wahren Geheimnissen des Orientierungsvermögens der Fledermäuse vor.

Eine Gelegenheit, mit Fledermäusen zu arbeiten, erhielt ich, als mich das deutsche Magazin Geo bat, die Fotografie für einen Beitrag über Fangtechniken der Fledermäuse zu übernehmen. Das war ein herausforderndes Projekt, denn es bedeutete, nicht nur Fledermäuse im Flug, sondern auch beim Beutefang zu fotografieren. Selbst in diesem frühen Stadium fragte ich mich, wie ich in aller Welt Bilder insektenfangender Fledermäuse erhalten wollte. Es ist schon schwierig genug, eine oder zwei Fledermäuse im Flug aufzunehmen. Angesichts meines völligen Mangels an Erfahrung mit Fledermäusen entschloß ich, mit der Lösung dieses kniffligen Problems bis zum Schluß zu warten.

Die erste Art, mit der ich zu tun hatte, war eine Großblattnase (Megaderma). In der freien Natur verlassen diese Tiere ihre Schlafplätze in Höhlen bei der Dämmerung und fliegen knapp über dem Boden auf der Jagd nach Fröschen und Mäusen. Da die Zeit und das Geld begrenzt waren, kam es gar nicht in Frage, sie in ihrem Lebensraum aufzunehmen – ganz abgesehen davon, daß die Aussicht nicht gerade erfreulich war, mich in wanzenverseuchte Fledermaushöhlen zu quetschen und knietief im Kot zu versinken. Die Antwort konnte also nur sein, mit gefangenen Tieren zu arbeiten, und die einzige Stelle, wo solche gehalten wurden, war die Frankfurter Universität. Dort stellte Professor Gerhardt Neuweiler mit seinem Team Forschungen über die Orientierung dieser Tiere an.

Die Fledermäuse lebten in einer nicht mehr benutzten unterirdischen Kegelbahn. Da ich sie bei der Jagd auf natürliche Beutetiere aufnehmen wollte, kamen weiße Mäuse, ihre normale Nahrung, nicht in Frage. Es mußten wilde Mäuse sein. Nach langer Zeit fanden wir eine entsprechende Quelle.

Diese merkwürdigen Fledermäuse beginnen passiv zu jagen wie Schleiereulen, indem sie in einigem Abstand über dem Boden dahinfliegen, den Kopf und die Ohren nach vorne gerichtet, um die leisesten Geräusche aufzufangen. Wenn die Maus auch nur ihre Schnauzhaare bewegte, gelang es der Fledermaus, die Schallquelle aus einer Entfernung von über 6 m zu orten. Sie flatterte dann kurz über der Beute, um eine „Radarbestimmung" zu erhalten, packte das Tier am Nacken und trug es zum Ruheplatz, um es zu verspeisen.

Dies alles zu fotografieren war keineswegs einfach. Zunächst hatten die Mäuse verständlicherweise etwas dagegen, sich lange Zeit an einer Stelle aufzuhalten: selbst wenn wir eine Maus hoch oben auf einen Felsen oder Zweig setzten, sprang sie doch oft hinunter, wenn sie das Geräusch häutiger Flügel hörte. Das nützte weder der Maus noch mir etwas, da die Fledermaus ihr Opfer auf dem Boden verfolgte und sie in

einiger Entfernung packte, leider außerhalb der Reichweite der Kamera. Ein weiterer Nachteil war, daß es keine Möglichkeit gab zu erkennen, aus welcher Richtung die Fledermaus kam. Schließlich betätigte ich die Kamera von Hand, jedesmal, wenn sich die Fledermaus nahe über ihrer Beute befand, und verzichtete auf Lichtschranke und Fotozelle. Wie es oft der Fall ist bei der Kurzzeitfotografie, mußte ich sehr viel Zeit aufwenden und viele Filme verbrauchen, bevor ich akzeptable Ergebnisse erhielt. Insgesamt brauchte ich drei Wochen für das Megaderma-Projekt, und ich verbrachte einige weitere Tage mit der Arbeit an einer anderen Art, dem einheimischen Mausohr. In dieser Zeit lernte ich viel über Fledermäuse und wurde von ihrem Charakter ganz eingenommen.

Nach Hause zurückgekehrt, begann ich eine zweite Fledermausreise zu organisieren, diesmal an den New Yorker Bronx Zoo, wo ein Paar 15 Jahre alte Fischfledermäuse lebte. Diese großen attraktiven südamerikanischen Tiere ernähren sich ausschließlich von Fischen, die sie mit den Krallen aus dem Wasser holen. Ich hatte die Kisten mit meiner Ausrüstung schon vorher mit der Luftfracht weggeschickt. Zwölf Stunden vor dem Abflug erhielt ich einen Telefonanruf von Jim Doherty, dem Kurator der Säugetiere. Er teilte mir mit, daß eine Fledermaus, die einzige, die bis anhin gefischt hatte, gestorben war und daß mein Kommen nunmehr sinnlos sei. Da es aber ohnehin schon zu spät war, das Projekt abzublasen, flog ich doch nach Nordamerika.

Jim erklärte mir, daß die Fledermäuse in den letzten Jahren nur gehackte Makrelen

126, 127 **Fischerfledermaus**
Mit weit offenem Maul stößt diese Fledermaus (Noctilio leporinus) Ultraschallschreie aus, während sie gleichzeitig knapp über dem Wasserspiegel dahinfliegt und die hakenartigen Krallen durch das Wasser zieht im Bestreben, einen Fisch zu erbeuten. Im Bild oben steigt die Fledermaus gerade ab, um einen neuen Fischzug zu unternehmen.

erhalten hatten, obwohl eine von ihnen zu fischen gewohnt war. Die Nahrung warf man ihnen an einer Seite in den Käfig. Es kam noch schlimmer: die verbliebene Fledermaus flog selten. Die Dinge sahen schlecht aus, doch ich meinte, daß ich in Anbetracht der Kosten einen Versuch unternehmen mußte. Am nächsten Tag baute ich einen Teich, der ungefähr 2,5 m lang war, und besetzte ihn mit kleinen Fischen. An jenem Abend gab es keine Makrelen, und ich saß in düsterem Licht und wartete. Abgesehen vom gelegentlichen Löwengebrüll aus dem Großkatzenhaus gerade darüber herrschte überall Ruhe – kein Zeichen von Aktivität bei meiner Fledermaus. Die darauffolgende Nacht brachte einen Hoffnungsschimmer. Ich hatte bereits ungefähr zwei Stunden gewartet, da hörte ich einen pfeifenden Laut vom Schlafplatz her. Bald danach erschien ein tastender Schatten, kletterte ein kurzes Stück den Draht entlang und warf sich in die Luft. Die Fledermaus machte eine Runde und zog sich dann in ihren Kasten zurück. Doch das reichte aus, um meinen schwindenden Optimismus wieder anzuheizen.

Am Tag darauf baute ich meine Ausrüstung um den Teich herum auf. Ich wußte, daß die Fledermaus Fische fängt, indem sie ihre langen scharfen Klauen hinter sich durch das Wasser zieht, und so setzte ich den Lichtstrahl in einer Höhe von 2–3 cm über der Wasseroberfläche an. Zu Beginn der Nacht brachte ich die motorisierte Hasselblad und die voll aufgeladenen Batterien in Stellung. Voller Hoffnung auf einen Erfolg verließ ich den Zoo und ging in mein Hotel in Manhattan. Am nächsten Morgen war ich entzückt, daß der ganze Film mit 12 Aufnahmen durch die Kamera gelaufen war. Die Entwicklung brachte 12 wundervolle Dias des Teiches ans Tageslicht, aber keine Spur der Fledermaus. Es gelang mir bald, den Fehler ausfindig zu machen, und ich startete einen neuen Versuch. Diesmal war nur ein Bild belichtet; immerhin ließ sich in einer Ecke die Flügelspitze der Fledermaus ausmachen. Ungefähr zehn Tage lang fuhr ich weiter so fort und brachte alle möglichen Änderungen an der Lichtschranke, der Brennweite und der Beleuchtung an. Ich versuchte auch, die Fledermaus zu einer Veränderung der Flugroute zu bewegen. Obwohl es mir schließlich gelang, Fotos der fischenden Fledermaus zu bekommen, erhielt ich keine Aufnahme, auf der sie eine Beute in den Krallen hielt. Als ich am Ende die Fische zählte, fehlte keiner. Das arme Tier war tatsächlich außerstande, Fische zu fangen.

Die beeindruckendsten Fähigkeiten der Fledermäuse, nämlich Ortung und Fang kleiner Insekten im Flug bei völliger Dunkelheit, war noch nie fotografiert worden. Natürlich wäre die Aufnahme eines solchen Luftkampfes ein großer Erfolg für Geo und ein Triumph für mich selber gewesen. Doch wie sollte ich vorgehen? Es hatte wohl kaum einen Sinn, mehrere Fledermäuse und Insekten in einem geschlossenen Raum freizulassen in der Hoffnung, irgendwelche Tiere würden sich schon vor der Kamera begegnen. Wenn überhaupt eine Hoffnung bestand, die Fotografie zu bekommen, dann mußte die Fledermaus ihre Beute an einer vorausbestimmten Stelle fangen.

Am meisten versprach ich mir davon, eine ganz bestimmte Fledermaus darauf zu dressieren, sich nur von Insekten zu ernähren, welche an einer bestimmten Stelle in die Luft geworfen wurden. Ich diskutierte dieses Projekt mit Professor Neuweiler in Frankfurt, der über reichliche Erfahrung bei der Dressur von Fledermäusen für seine Experimente über die Verhaltensweise dieser Tiere hatte. Er sagte mir freundlicherweise seine Mitarbeit in jeder Hinsicht zu und schlug die Große Hufeisennase als geeignetste Art vor. Diese europäische Art führt nicht nur erstaunliche Flugmanöver durch, sondern verfügt auch über ein höchst raffiniertes Ortungssystem, das auf dem Doppler-Effekt beruht.

Während der nächsten sechs Wochen trainierte Neuweiler seine Fledermaus darauf, von Hand zugeworfene Mehlwürmer aufzunehmen. In jener Zeit hielten wir engen telefonischen Kontakt, um die Fortschritte und Probleme zu diskutieren. Zunächst schnappte das Tier die Mehlwürmer in einem nur sehr ungenau definierten Raum, doch im Lauf der Wochen stimmten sich die Techniken der Fledermaus wie des „Werfers" besser aufeinander ab. Schließlich war ein Stadium erreicht, von dem ich glaubte, daß man es wagen könnte.

Eine Stunde nach meiner Ankunft in Frankfurt war ich schon in der vertrauten unterirdischen Kegelbahn und schaute zu, wie die Fledermaus in der Luft Insekten fing, ungefähr einen Meter von meinem Gesicht entfernt. Die Präzision der Jagdtechnik war schlichtweg unvergeßlich. Im Augenblick, da die Hand nach vorne schnellte, ließ sich die Fledermaus von ihrem 2,5 m entfernten Schlafplatz fallen und flog heran. Im Augenblick, da der Mehlwurm die Hand verließ, hatte sie schon die Hälfte des Weges zurückgelegt. Einen Sekundenbruchteil später wickelte sie das Insekt in ihre Flügel und flog zu ihrem Ruheplatz zurück, wobei sie den Bissen unterwegs in den Mund schob. Oft schien es mir, als finge sie den Mehlwurm direkt mit dem Maul und ohne Hilfe der Flügel, doch geschah dies alles so schnell, daß es nicht möglich war, mit den Augen genau zu folgen. Nach dieser beeindruckenden Demonstration konnte ich Frankfurt unmöglich ohne die Bilder verlassen.

Da wir die Fledermaus in ihren Jagdgewohnheiten nicht stören wollten, konnten wir uns mit der Aufstellung der Apparatur nicht beeilen. Das Tier brauchte Zeit, um sich an all die ungewöhnlichen Echos der neuen Hindernisse auf ihrem Flugweg zu gewöhnen. Schließlich richtete ich den Lichtstrahl und die Kamera auf die meistver-

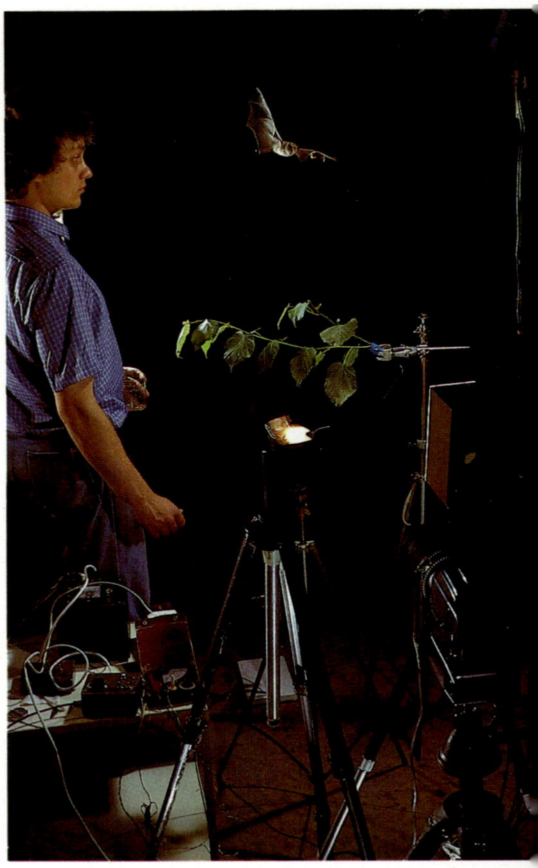

128 Kamera und Blitzlichtapparatur für die Aufnahme einer Fledermaus.

129 **Fledermäuse beim Verlassen der Carlsbad Caverns**
Obwohl dieses Bild in strengem Sinn keine Kurzzeitfotografie darstellt, wurde es hier doch aufgenommen, denn es gehörte zu einem Auftrag der Zeitschrift Geo, die rund eine Million Bulldog-Fledermäuse zu fotografieren, die in der Carlsbad-Höhle in New Mexico leben. Da die Tiere ihren Unterschlupf nicht vor Sonnenuntergang verließen, konnte ich sie nur mit einer Kombination von langer Verschlußzeit und Blitzlicht aufnehmen. Das ergab das eigentümliche Bild, wie wir es unten sehen. Der graue Spiralnebel entspricht den vielen Tausenden von Fledermäusen, welche die Höhle verlassen, während die Silhouetten auf den Wänden und nahe am Ausgang klar vom Blitz beleuchtet wurden.

sprechende Stelle und machte die ersten Testaufnahmen mit Polaroid-Filmen. Die Ergebnisse waren ermutigend. Die nächste Hürde war nun, die Mehlwürmer durch fliegende Insekten zu ersetzen. Wir entschlossen uns für Eulenfalter, da die Fledermaus sie mochte und sie leicht zu beschaffen waren. Das Tier schätzte die neue etwas borstige Diät. Es überraschte aber kaum, daß die Motten kurz nach dem Loslassen meistens die falsche Richtung einschlugen. Dennoch fing die Fledermaus sie sehr schnell, wenn auch in einiger Entfernung von der vorausbestimmten Stelle. Es war ein großes Erlebnis, den Luftkampf aus der Nähe mitzuerleben, besonders wenn im Bruchteil einer Sekunde der Blitz aufleuchtete. Gelegentlich mußte die Fledermaus beim Beutefang Flugmanöver durchführen, die wir nicht erkennen konnten. Diese zu fotografieren, war keine leichte Sache, und ich hatte nur sehr wenig Erfolg mit den Motten.
Am Ende mußten wir viele kleine Veränderungen an der Ausrüstung anbringen. Auch die Fledermaus mußte Neues lernen. Glücklicherweise akzeptierte das geduldige Wesen all die Geschäftigkeit mit Gleichmut. Nachdem ich zahllose Filmrollen und Legionen von Motten verbraucht hatte, gelangte ich schließlich zum Ziel. Niemand war überraschter als ich.

130–132 **Großblattnase beim Mäusefang**
Die Maus ist verloren, sobald sie das leiseste Geräusch macht, selbst wenn dieses nur den Bruchteil einer Sekunde dauert. Die hier abgebildete Lyra-Fledermaus aus der Gruppe der Großblattnasen hat ein unvorstellbar scharfes Gehör und kann Beutetiere mit absoluter Sicherheit ausmachen, selbst wenn die Geräuschquelle 10 m weit entfernt ist. Die Fledermaus schwirrt kurz über ihrer Beute und fixiert sie mit ihrem „Radar", läßt sich dann fallen, tötet das Tier und trägt es an einen sicheren Ort, wo der Festschmaus stattfindet.

133–137 **Mausohr beim Fang einer Grille**
Einige Fledermäuse können Insekten entdecken und fangen, die sich auf Blättern oder Zweigen befinden. Auch sie verwenden dafür das Echo von Schallwellen und unterscheiden Insekt und Hintergrund.
Diese Reihe zeigt ein Mausohr, wie es eine Grille fängt, die auf einem Baumstrunk sitzt. Beim Herannahen stößt die Fledermaus mit geöffnetem Maul Ultraschallaute aus. Dann „schöpft" sie das Insekt in die Schwanztasche, krümmt den biegsamen Körper und packt das Beutetier mit den Zähnen.
Nur in seltenen Fällen mißlingt der Fledermaus der Beutefang, wie man auf dem Bild unten rechts erkennen kann. Es gehört nicht in die gleiche Sequenz wie die vier oberen Bilder. In diesem Fall entkam die Grille.

138, 139 **Fledermaus beim Mottenfang**
Zwei Blitzlichtaufnahmen jagender Fledermäuse. Die Eleganz und Geschwindigkeit sind wirklich atemberaubend.

140–146 **Große Hufeisennase beim Mottenfang**
Die erstaunliche Geschicklichkeit der Hufeisennasen beim Fang kleiner Insekten in absoluter Dunkelheit beruht zunächst auf der ungeheuren Beweglichkeit der Flügel, die sonst nur noch von den Kolibris erreicht wird, und auf dem einzigartigen Orientierungssystem mit Hilfe von Ultraschallschreien, die das Tier dauernd ausstößt.
Schallwellen scheinen näher beieinander zu liegen, wenn sich die Schallquelle dem Beobachter nähert. Ein alltägliches Beispiel dieses Doppler-Effekts stellt das Geräusch eines fahrenden Autos dar: wenn es sich uns nähert, steigt der Ton an, wenn es sich entfernt, sinkt er wieder. Die Hufeisennase macht von dieser Erscheinung Gebrauch, indem sie einen langen Schrei mit konstanter Frequenz ausstößt. Aus der winzigen Frequenzverschiebung des Echos erhält sie Informationen über die relative Geschwindigkeit und Flugrichtung der Motte. Die Fledermaus stimmt die Frequenz ihres Schreies darauf ab, verändert ihre Flugroute und fängt schließlich ihre Beute. Die Aufnahmen zeigen mehrere Stadien dieses Luftkampfes.

147 **Der Nachtfalter entkommt der Fledermaus**
Luftkrieg bei völliger Dunkelheit: die Fledermaus und der Nachtschmetterling bei einem Duell höchster Raffinesse. Einige Nachtfalter haben die Fähigkeit entwickelt, Fledermausschreie wahrzunehmen und ihrem Schicksal zu entkommen, wie diese mehrfach belichtete Aufnahme zeigt. Die Motte reagiert auf die Ultraschallschreie, indem sie einen Überschlag vollführt und sich schließlich wie ein Stein fallen läßt. Die Flugsequenz der Motte wurde mit einem Stroboskop beleuchtet.

148 **Vampirfledermaus beim Sprung**
Diese Vampirfledermaus springt weg von einem schlafenden Schwein, das hier nicht zu sehen ist und das, aufgeweckt vom Biß ihres Parasiten, unwillkürlich mit den Füßen ausschlug. Vampirfledermäuse fliegen nicht direkt auf ihre Opfer, sondern ziehen es vor, auf dem Boden zu krabbeln oder zu springen. Auf diese Weise suchen sie eine dünne Stelle im Fell ihrer Opfer und beißen sie dann mit ihren rasiermesserscharfen Zähnen auf.
Da mich hier meine Kurzzeit-Blitzausrüstung zum erstenmal innerhalb von zehn Jahren im Stich ließ, nahm ich dieses Bild mit einem Computerblitz auf. Die Leuchtdauer betrug ungefähr 1/4000 Sekunde.

# Stichwortverzeichnis